高等职业教育“十三五”规划教材（计算机类）
江苏省中高等职业教育衔接课程体系建设课题成果

Java 程序设计与实践

主　编　查艳芳
副主编　陈　强　刘　正
参　编　陈　芳　陶文寅　安　峰
　　　　叶红霞　张　鹏

机械工业出版社

本书共10章，内容包括Java程序设计概述、数据类型和运算符、程序流程控制、类和对象、继承和多态、图形用户界面、异常处理、输入/输出和文件、多线程编程、网络编程。每章都有若干个任务，每个任务中又融合了若干个知识点，可以使学生在完成任务的同时，学习和掌握相关知识和技能。

本书以典型案例或学生创新任务和项目为载体，将项目蕴含的核心技能用若干生动、直观的案例进行导入，形成从简单到复杂的系统化教学项目，突出学生的教学主体作用，重视职业能力的培养，充分体现课程教学的职业性、实践性和开放性。

本书可以作为高职高专和应用型本科院校计算机专业Java程序设计课程的教材，也可以作为相关培训机构的Java辅导参考书，还可以作为从事程序开发的技术人员与编程爱好者的自学用书。

为方便教学，本书配备电子课件等教学资源。凡选用本书作为教材的教师均可登录机械工业出版社教育服务网 www. cmpedu. com 免费下载。如有问题请致信 cmpgaozhi@ sina. com，或致电 010－88379375 联系营销人员。

图书在版编目（CIP）数据

Java程序设计与实践／查艳芳主编. —北京：机械工业出版社，2016.7（2018.1重印）

高等职业教育“十三五”规划教材. 计算机类　江苏省中高等职业教育衔接课程体系建设课题成果

ISBN 978－7－111－54007－6

Ⅰ.①J…　Ⅱ.①查…　Ⅲ.①JAVA语言-程序设计-高等职业教育-教材　Ⅳ.①TP312

中国版本图书馆CIP数据核字（2016）第129823号

机械工业出版社（北京市百万庄大街22号　邮政编码100037）
策划编辑：刘子峰　　责任编辑：刘子峰　范成欣
责任校对：黄兴伟　　封面设计：陈　沛
责任印制：李　飞
北京富生印刷厂印刷
2018年1月第1版·第2次印刷
184mm×260mm·11.25印张·286千字
3001—4900册
标准书号：ISBN 978-7-111-54007-6
定价：29.00元

凡购本书，如有缺页、倒页、脱页，由本社发行部调换

电话服务	网络服务
服务咨询热线：010－88379833	机 工 官 网：www. cmpbook. com
读者购书热线：010－88379649	机 工 官 博：weibo. com/cmp1952
	教育服务网：www. cmpedu. com
封面无防伪标均为盗版	金 书 网：www. golden-book. com

江苏省中高等职业教育衔接课程体系建设课题成果
——“设计导向，能力开发，纵向一贯，横向一体”
中高职衔接课程体系系列教材

编 委 会

序

自《国家中长期教育改革和发展规划纲要（2010—2020年）》颁布以来，全国各地先后开展了现代职业教育改革试点，特别是2014年教育部等六部门编制《现代职业教育体系建设规划（2014—2020年）》之后，江苏、山东、安徽、湖南、广东、四川、甘肃等省先后颁布了各省建设规划，从政府层面推动现代职业教育体系建设。自2012年以来，江苏省一直着力于搭建中、高职及应用型本科的人才贯通培养立交桥：中职校与高职校“3+3”分段培养，中职校与应用型本科院校“3+4”分段培养，高职校与应用型本科院校“3+2”“5+2”分段培养，以及高职校与应用型本科院校联合培养等，“现代职业教育体系建设”试点规模不断扩大，从2012年的71个试点项目实际招生4885人到2014年的422个项目，招生规模达2.2万人。

2014年，江苏省教育厅启动了“江苏省中高等职业教育衔接课程体系建设”课题研究项目，由苏州工业园区服务外包职业学院、苏州高等职业技术学校、苏州广播电视总台世纪飞越网络技术有限公司联合申报的“‘设计导向，能力开发，纵向一贯，横向一体’中高职衔接课程体系研究”获江苏省教育厅立项。经过两年的研究，课题取得丰硕成果，形成了基于“设计导向，能力开发，纵向一贯，横向一体”的中高职衔接课程体系系列教材。

“设计导向，能力开发，纵向一贯，横向一体”中高职衔接课程体系以“设计导向”的教育思想和“能力开发”的教育理念为指导，以学生发展为主线，以岗位职业能力为导向，在遵循中高职各自教育特点的基础上，按照“纵向一贯、横向一体”逻辑结构，整体设计中高职课程。

“设计导向”即遵循人才成长规律，以学生发展为主线，科学规划中高职学生成长路径，阶梯式设计培养课程，培养技能型劳动者和技术型工人。

“能力开发”即按照职业工作岗位要求，以职业能力提升为目标，开发学习领域课程，序列化设计学生能力提升体系。课程标准和教材开发对接职业标准、国际标准。

“纵向一贯”即整体设计课程体系，在内容层面实现公共基础课程体系的一贯性、专业课程体系的一贯性以及公共基础课程与专业课程的协调与关联性；在实施层面实现课程方案、课程标准、教材、教学资源等方面的一贯性，从而有效避免了课程的重复、交叉和断层现象。课程体系以学分为纽带，通过学分的积累，沟通中职和高职课程的学习；通过学分的转换，沟通高职和应用型本科课程的学习。课程体系以课程接口为衔接点，主要体现在两个方面：一是借鉴“慕课（MOOC）”理念，开发在线学习课程，前置后一阶段的认知课程、公共基础课程和简单项目课程；二是前一阶段的专业核心课程与后一阶段的专业基础课程对接，形成课程序列。

“横向一体”即针对中职和高职自身教育特点，形成相对独立的一体化课程体系，既能满足中职和高职学生就业、创业需求，也能满足中职和高职学生升学的需求。一体化课程主要采用以能力培养为本位、以职业实践为主线、以项目课程为主体的模块化课程体系，实现课程内容与职业岗位对接、教学过程与生产过程对接、学校师资与企业专家对接、职业资格与国际认证对接、思想品德教育与职业素质养成对接。

本套教材针对中职、高职的核心课程开发，适用于中职的“计算机应用技术”等相近专业与高职的“嵌入式技术与应用”等相近专业的中高职衔接课程，包括中职和高职衔接的三套6本序列化教材：《面向对象程序设计——C++编程》（中职）——《Java程序设计与实践》（高职），《单片机C语言教程》（中职）——《单片机高级应用开发》（高职），《Flash动画制作与设计》（中职）——《Flash游戏开发》（高职），以及高职的3本教材：《嵌入式Linux应用项目式教程》《PHP项目实践开发教程》《Android项目驱动式开发教程》。其他课程的教材，我们正在陆续开发过程中。

感谢本套教材所有的编写人员为中高职课程衔接做出的贡献，感谢出版社的大力支持，感谢广大师生使用本教材。我们将积极收集反馈意见，以便进一步修订完善，从而实现中高职课程的更有效衔接。

编委会

2016.3

前　言

Java 是一种面向对象的程序设计语言，具有通用性、高效性、平台移植性和安全性等特点，因此被广泛用于桌面及 Web 程序开发、游戏设计、移动端程序开发等，并拥有全球最大的开发者专业社群。

本书针对高职院校计算机语言类课程的特点，以软件技术方向的人才能力需求为导向，以典型案例或学生创新任务和项目为载体，以“设计导向，能力开发，纵向一贯，横向一体”的中高职衔接课程体系为设计宗旨，结合以学生为中心、基于工作过程的项目驱动式教学方法，将项目蕴含的核心技能用若干生动、直观的案例进行导入，形成从简单到复杂的系统化教学项目，突出学生的教学主体作用，重视职业能力的培养，充分体现课程教学的职业性、实践性和开放性。

本书共 10 章：第 1 章是关于 Java 程序设计的基本概述，包含了 Java 的特点和开发环境的搭建等内容；第 2 章和第 3 章是关于在 Java 编程过程中所用到的基本数据类型和运算符，以及三大基本流程控制语句，这部分的内容与本系列丛书之《面向对象程序设计——C + +编程》的内容基本相同；第 4 章和第 5 章主要介绍了类和对象的相关概念，以及类的继承和多态等特性；第 6 章是利用 Java 语言进行用户界面的编程，实现可视化界面的设计；第 7 章是对 Java 程序设计过程中可能存在的各种异常进行相应的处理；第 8 章是 Java 对不同数据流的输入/输出处理，以及对文件进行整体读写等操作；第 9 章是多线程编程，主要涉及单线程和多线程的操作和处理；第 10 章是网络编程，可实现多个设备之间的数据发送和接收。每章都有若干个任务，每个任务中又融合了若干个知识点，可以使学生在完成任务的同时，学习和掌握相关知识和技能。

本书从产学研的结合出发，基于高职和中职教育的特点，结合具体的项目实践，将知识和应用相结合。本书的编者来自于苏州工业园区服务外包职业学院、苏州高等职业技术学校、苏州世纪飞越网络技术有限公司等单位，都是有多年教学经验和企业工作经历的双师型教师和工程师。本书由苏州工业园区服务外包职业学院的查艳芳任主编，负责第 1 ~ 4 章内容的编写；陈强和刘正任副主编，分别负责第 5 ~ 6 章及第 7 ~ 8 章内容的编写；苏州高等职业技术学校的陈芳和叶红霞，以及苏州工业园区服务外包职业学院的陶文寅、安峰、张鹏任参编，主要负责第 9 ~ 10 章以及案例等内容的编写。本书中所涉及的很多案例由苏州工业园区服务外包职业学院和苏州世纪飞越网络技术有限公司的共同研讨确定。本书在编写过程中得到了苏州工业园区服务外包职业学院和苏州高等职业技术学校相关领导和同事的大力支持，在此向他们表示衷心的感谢！

由于编者水平有限，书中错误及疏漏之处在所难免，恳请广大读者批评指正。

编　者

课程导读

嵌入式技术与应用是一个新兴的专业领域，对人才的需求涵盖了计算机、电子、物联网等领域。近年来，随着计算机技术及集成电路技术的发展，嵌入式技术日渐普及，在通信网络、工控电子及医疗等领域发挥着重要的作用，并且伴随着巨大的嵌入式系统产业的发展，人才需求量猛增，已成为最热门的专业之一。苏州工业园区服务外包职业学院依据苏州区域经济发展方式转型与企业嵌入式技术与应用化转型的机遇，将嵌入式技术与应用专业培养目标定位于培养企业能手，加强政行企校四方合作。因此，苏州工业园区服务外包职业学院与苏州高等职业技术学校，以及苏州世纪飞越网络技术有限公司等多家企业共同合作，提出了一个中高职衔接课程体系研究的课题。

本系列课程是以“设计导向”的教育思想和“能力开发”的教育理念为指导，以岗位职业能力为导向，在遵循中高职各自教育特点的基础上，整体设计中高职课程，形成“设计导向、能力开发、纵向一贯、横向一体”的中高职衔接课程体系。

设计导向：遵循人才成长规律，以学生发展为主线，科学规划中高职学生成长路径，阶梯式设计培养课程，培养技能型劳动者和技术型工人。设计导向是指导性的教学思想，其内涵如下：职业教育培养的人才不仅要有技术适应能力，而且更重要的是有能力本着对社会、经济和环境负责的态度，参与设计和创造未来的技术和劳动世界。所以，职业教育不应把学生仅仅视为未来的劳动者，而应视其为技术设计的潜在参与者，也就是从人的发展的角度来培养学生。

能力开发：按照职业工作岗位要求，以职业能力提升为目标，开发学习领域课程，序列化设计学生能力提升体系，课程标准和教材开发对接职业标准、国家标准。能力开发是目标性的教学理念，职业能力包含专业能力、方法能力和社会能力，其魅力在于：职业能力所体现出的应变能力，不仅为劳动者提供了尽快掌握必需的新技能和获取新资格的可能，而且还赋予他们新的乃至更加光明的职业前景。职业能力不是让从业者被动适应外界的变动，而是主动地塑造和设计自己的职业生涯。

纵向一贯：整体设计课程体系，在内容层面实现公共基础课程体系的一贯性、专业课程体系的一贯性以及公共基础课程与专业课程的协调与关联；在实施层面实现课程方案、课程标准、教材、教学资源等方面的一贯性。课程体系以学分为纽带，通过学分的积累，沟通中职和高职课程的学习；通过学分转换，沟通高职和应用型本科课程的学习。课程体系以课程接口为衔接点，主要体现在两个方面：一是借鉴“慕课”理念，开发在线学习课程，前置后一阶段的认知课程、公共基础课程和简单项目课程；二是前一阶段的专业核心课程与后一阶段的专业基础课程对接，形成课程序列。

横向一体：针对中职和高职自身教育特点，形成相对独立的一体化课程体系，既能满足就业，又能满足升学的需要。一体化课程主要采用以能力培养为本位、以职业实践为主线、以项目课程为主体的模块化课程体系，实现课程内容与职业岗位对接、教学过程与生产过程对接、学院师资与企业专家对接、职业资格与国际认证对接、思想品德教育与职业素质养成对接，在现代学徒制理念的指导下开展教学。

在职业教育理念的指导下，以及“设计导向，能力开发，纵向一贯，横向一体”中高职衔接课程体系研究的思路下，借鉴国内中高职衔接课程的经验和做法，将职业教育中的课程分成中职和高职两个阶段。整个课程体系遵循学生成长阶梯化的特点，按照由技能型劳动者到技术型工人的思路设计。在能力培养方面，对应职业标准、国家标准的要求，序化设计能力培养体系；在中、高职两个层面，整体设计、分段实施，体现了课程体系的一贯性和中高职的相对独立性。这样可以使学生在学习的过程中循序渐进，先在初期了解课程的基础知识，在后期再进行项目的训练，培养和提高学生的实际应用能力。

目　录

第1章 Java程序设计概述

1.1 Java概述

Java是一种面向对象的程序设计语言，具有通用性、高效性、平台移植性和安全性等特点，因此被广泛用于桌面及Web程序开发、游戏设计、移动端程序开发等，并拥有全球最大的开发者专业社群。

从计算机诞生以来，用于和计算机之间进行"沟通"的计算机语言经历了从最初的机器语言、汇编语言、面向过程的结构化高级语言，最后发展到面向对象的程序设计语言。在整个计算机语言的发展过程中，程序员逐步摆脱了对计算机硬件层面的依赖，可以在更抽象的层面上表达他们的程序设计意图。

面向过程程序设计语言是利用计算机能够理解的逻辑来描述和表达待解决的问题。面向过程程序设计可以精确、完备地描述具体的求解过程，却无法将多个具有关联性的系统表述清楚，因此面向对象程序设计语言应运而生。

以Java语言为代表的面向对象程序设计（Object-Oriented Programming，OOP）语言展现了一种全新的程序设计思路，以及处理问题的方法。现实的世界是由一系列彼此关联、相互之间能够通信的对象组成的，面向对象就是将现实世界中类和实体对象的概念映射到计算机程序中，用编程语言的方式来表达整个现实世界的一种方法。

1.2 类和对象

面向对象程序设计语言中所指的对象就是现实世界中的任何一个具体事物。对象包括属性和行为操作。其中，属性描述了对象的静态特征，行为操作是对象执行的动作。例如，狗是现实世界中的一个具体的物理实体，它拥有颜色、类型、大小等外部特性，具有吃饭、跑步等行为功能。这个实体在Java面向对象程序设计中，可以作为一个具有一定属性和行为操作的对象。它的Java语言描述如下：

属性用String color、String type、String size等变量来表示；

操作用void eating {……}、void running {……} 等方法表示。

在现实世界中，对象和对象之间存在着多种关系，如可能存在包含、关联和继承等关系。包含关系是指整体与部分之间的关系，当对象X是对象Y的某一个附属时，则称对象Y包含对象X。例如，汽车与轮胎的关系就是一个包含关系。关联关系是指在两个对象之间，通过一个对象可以找到另一个对象，如通过产品包装上的信息可以找到产品的生产商。继承关系是指某一个对象具有另一个对象的特点，即一个对象继承了另一个对象的特点。例如，学生具有人类的特点，有姓名、性别，可以吃饭、走路。

类是面向对象程序设计中的一个非常重要的概念。类是一组具有相同特征的对象的抽象描述。在面向对象的程序设计中，类是程序的基本单元，对象是类的具体实例。例如，定义Car是一个汽车类，它描述了所有汽车的性质（包括汽车的颜色、型号、座位数等）及基于属性的各种操作（加速、减速以及停车等）；而黑色的桑塔纳 2000 汽车是汽车类的一个具体实例，它的颜色是黑色，型号是桑塔纳 2000，座位数是 5 座，它具有加速、减速和停车等操作。

1.3 Java 的特点

1.3.1 Java 语言的特点

随着科学技术的发展，社会对应用软件和系统的需求也越来越大。如何设计具有灵活性、可移植性和互操作性等特性的软件，是软件开发过程中的一个重要考虑因素。Java 语言的诞生正是很好地应对了以上的需求。Java 语言具有以下一些特点：

1）简单性。Java 是个精简的系统，它无需强大的硬件环境。Java 的语言风格类似于 C++，因此，掌握了 C++ 的程序员可以很快地掌握 Java 的相关编程技术。与 C++ 相比，Java 不具有多重继承、指针等功能。但是，Java 具有支持多线程、自动垃圾收集，以及丰富的类库等特性。

2）面向对象。Java 本身是一种面向对象的语言，它模拟了现实世界中类和对象的概念，并利用类和接口的设计实现了模块化和信息的隐藏。同时，Java 通过类之间的继承机制，很好地实现了代码的复用。

3）分布性。Java 有一个支持 HTTP 和 FTP 等的子库。因此，Java 应用程序可通过 URL 访问网络上的对象，对网络对象的操作如同访问本地文件一样方便。Java 的分布性也使得在 Internet 下实现动态内容的获取更为方便。

4）健壮性。Java 是一种强类型语言，它在编译和运行过程时需要进行大量的类型检查。类型检查可以帮助程序开发人员检查出很多编写错误。Java 通过自动垃圾收集器可以避免许多由内存管理而造成的错误。Java 程序中不采用指针，因此可以避免很多因指针错误而产生的问题。

5）解释执行。Java 解释器对 Java 字节进行解释执行。链接程序通常比编译程序所需资源少。

6）结构中立。Java 编译器可以将 Java 源程序编译成一种与体系结构无关的中间文件格式。这种中间代码只要在有 Java 运行系统的机器中就可以执行，因此 Java 可以实现跨平台运行。

7）安全性。Java 的安全性包括多个方面。在 Java 中删除了指针等功能，这样可以很好地避免对内存的非法操作。Java 在计算机上被执行之前，先要经过代码校验，检查代码段的格式，对象操作是否过分等多次测试，因此具有较高的安全性。另外，Java 拥有多层次的互锁保护措施，能有效地防止病毒入侵等破坏行为的发生。

8）可移植。Java 结构的中立性使得 Java 应用程序可以在配备了 Java 相关运行环境的任何计算机系统上运行，这是 Java 应用软件能够进行移植的基础。但是，如果程序语言中的基本数据类型依赖于具体实现，这也将为程序的移植带来很大不便。Java 定义了独立于平台的基本数据类型及其运算，因此 Java 数据可以在不同的硬件平台上都保持一致，这也保证了 Java 语言具有很好的可移植性。同时，Java 语言的类库也具有可移植性。

9）多线程。线程有时也称小进程，是能够独立运行的小的基本单位。Java 具有多线程功能，即在 Java 的一个程序里可同时执行多个小任务，处理不同的事件，并且同一类线程还可以共享代码和数据空间。多线程可以很好地实现网络交互和实时控制。

10）高性能。Java 可以在运行时直接将目标代码翻译成机器指令，因此它具有非常高的工作性能。

11）动态性。Java 允许程序动态地装入运行过程中所需要的类，同时装入的类不会影响其他应用程序对该类的使用。

1.3.2　Java 的关键特性

1. 封装

封装又称为信息隐蔽，是面向对象的基本特征之一。封装的目的在于将设计者和使用者分离，使用者不需要知道操作实现的具体细节，只需要使用设计者提供的消息就可以实现对象的访问。例如，汽车作为一个对象，用户不需要了解汽车运行的具体操作，只需要使用设计者提供的操作面板即可使用汽车。在面向对象设计中，封装包括以下 3 个方面：

1）一个清楚的界面。对象内部的具体操作被限定在这个界面内。

2）一个接口。这个接口描述了对象与其他对象之间的关系。

3）受保护的内部操作。内部操作描述了对象的具体功能，内部操作的细节不需要被对象知道。

封装使得对象访问局限于对象界面，这样可以减少程序之间的相互依赖，提高了软件设计的可靠性。封装实现了对象的模块化，很好地提高了面向对象设计软件的可维护性和可修正性。

2. 继承

类是对一组具有相同属性和行为的对象的抽象描述。对于不同的对象，会有不同级别的抽象，就像现实世界中，我们会将不同的物品进行不同的分类。这样在不同的类之间就会构成不同类层次的关系图（分类树）。图 1-1 所示是交通工具的不同级别抽象的分类树。当以分类树的方式对不同的对象进行分类时，位于分类树顶部的对象应该包括下面的所有对象的共有特点。

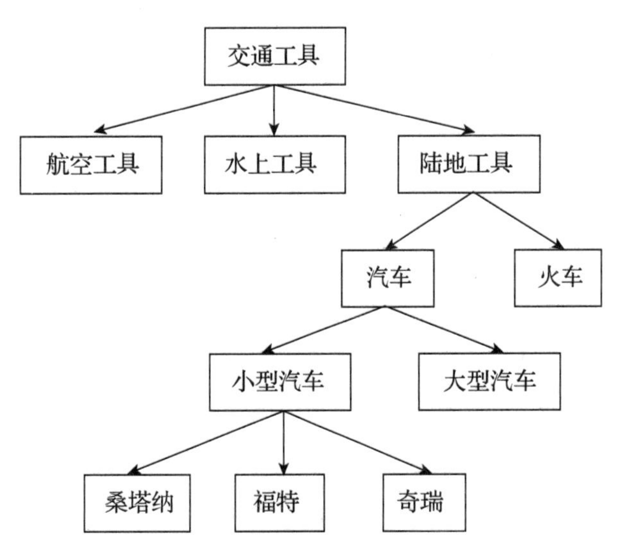

图 1-1　分类树形结构

从图 1-1 中可以看出，某一层次的对象具有上一层次对象的特点，这种情况称为继承。通过继承，一个新的类可以获得另一个类的操作和属性，此时开发人员在定义这个新类时，只需在新类中定义继承类中没有的属性与（或）操作即可。在继承关系中，被继承的类称为父类，继承某个父类的类称为子类。在图 1-1 中，假设用结点表示类，用连接两结点的无向边表示它们之间的关系，则类关系图中的上层结点为下层结点的父结点（父类），下层结点为上层结点的子结点（子类）。在图1-1中，航空工具类、陆地工具类和水上工具类均是交通工具类的子类，而交通工具类是航空工具类、陆地工具类和水上工具类的父类。在继承关系中，子类一般由两部分组成：继承部分（继承于父类的属性与操作）和增加部分（子类自己的属性与操作）。

继承是面向对象程序设计的基本特点之一。在面向对象程序设计时，通过继承可以快速开发原型。同时，继承促进了系统的可扩充性，也是实现软件重用性的有效方式。

3. 多态

多态性是指当同一消息被不同对象接受时，不同的对象会执行不同的操作。例如，接收到吃饭这个消息时，中国人会用筷子，美国人会用刀叉。在面向对象程序设计语言中，多态是指对象可以具有多个同名的方法，但是这些同名的方法具有不同的参数。例如，一个方法名为add，由于参数不同，可以有不同的方法：add(int x,int y)与add(float x,float y)，分别对应不同类型的参数（整型、单精度浮点型），编译器会根据对象所给定的参数类型，选择相应的方法。程序设计的多态性有两种基本形式：编译时多态性和运行时多态性。编译时多态性是指在程序编译阶段就可确定选择响应哪个同名的方法，而运行时的多态性则必须等到程序动态运行时才可确定。

多态性具有“同一方法，多种实现”的功能。Java 语言的多态性也使程序的表达方式更加方便灵活。这部分内容将在后面的章节中进行详细讲解。

1.4　Java 开发环境

软件系统的开发过程包括需求分析、概要设计、详细设计、代码编码、软件调试、软件测试、文档生成、系统维护和系统升级等环节，而软件系统开发时选择的开发环境也是软件系统开发过程中的一个重要条件。一个好的软件开发环境对软件系统开发的效率和质量都是有很大帮助的。目前，Java 常用的开发环境有基于 Java 开发工具（JDK）和基于集成软件的开发环境(JDE)。

1.4.1　下载和安装 JDK

Java 开发工具（JDK）是一些程序集合，它可以帮助开发者编译、运行和调试程序。开发者可以从 Oracle 公司的网站上（http://www. oracle. com/technetwork/java/index. html）下载JDK。JDK 中有 Java 编译器和字节码解释器。在 JDK 安装时，直接执行下载的安装文件后，根据提示正常安装即可。

安装完成后，JDK 安装目录 * \bin 文件夹下包含以下主要文件。

1）Javac：Java 编译器，用来将 Java 程序编译成字节码。

2）Java：Java 编译器，执行已经转换成字节码的 Java 应用程序。

3）jdb：Java 调试器，可以逐行调试 Java 程序。

4）Javap：Java 反编译器，用来显示 Java 程序的成员中的可访问功能和数据。

5）Javadoc：Java 文档生成器，根据 Java 源程序及其说明语句生成相应的 HTML 文件。

6）appletviwer：Java 小程序浏览器，用来执行 Java 小应用程序。

7）Javaprof：Java 资源分析工具，用于分析 Java 程序在运行过程中都调用了哪些资源，包括类和方法的调用次数和时间，以及各数据类型的内存使用情况等。

1.4.2　设置环境变量

为了能够编译和运行 Java 程序，需要在计算机系统中设置 PATH 和 CLASSPATH 变量。

1. 设置 PATH 变量

PATH 变量用于标识安装 Java 开发工具包（JDK）的位置。假设使用的操作系统是 Windows XP，将 JDK 安装在 D 盘根目录下，则 PATH 变量的设置步骤如下：

1）用鼠标右键单击“我的电脑”，在弹出的快捷菜单中选择“属性”命令。

2）在“系统属性”对话框中，选择“高级”选项卡。

3）在“高级”选项卡的下半部分，单击“环境变量”按钮。

4）在“用户变量”和“系统变量”列表中选中 PATH 变量，并单击“编辑”按钮，重新编辑 PATH 变量，将 d:\jdk5.0\bin 包含在 PATH 变量中，不同的路径之间以分号分开。如果没有 PATH 变量，就在“系统变量”中单击“新建”按钮，新建一个 PATH 变量，将 d:\jdk5.0\bin 包含在其中，并以分号分开。

5）最后单击“确定”按钮，保存 PATH 变量设置。

2. 设置 CLASSPATH 变量

设置 PATH 变量后，Java 程序运行程序时，可能需要从与当前目录不同的另一个目录中运行 .class 文件，此时还需要设置 CLASSPATH 变量。

CLASSPATH 变量的设置是为了存储 .class 文件的目录。CLASSPATH 变量的设置步骤与 PATH 变量的设置步骤类似，只是在“系统变量”列表中选中 CLASSPATH 选项进行“编辑”，如果“系统变量”中没有 CLASSPATH 选项，则单击“新建”按钮，新建一个 CLASSPATH 变量并进行设置。

1.4.3　下载和安装 Eclipse

Eclipse 是一个开放源代码的、基于 Java 的可扩展开发平台，其本身是一个框架和一组服务，用于通过插件组件构建开发环境。Eclipse 在下载后直接解压缩就可以使用，具体步骤如下：

1）进入 Eclipse 的官方网站 http://www.eclipse.org，如图 1-2 所示。

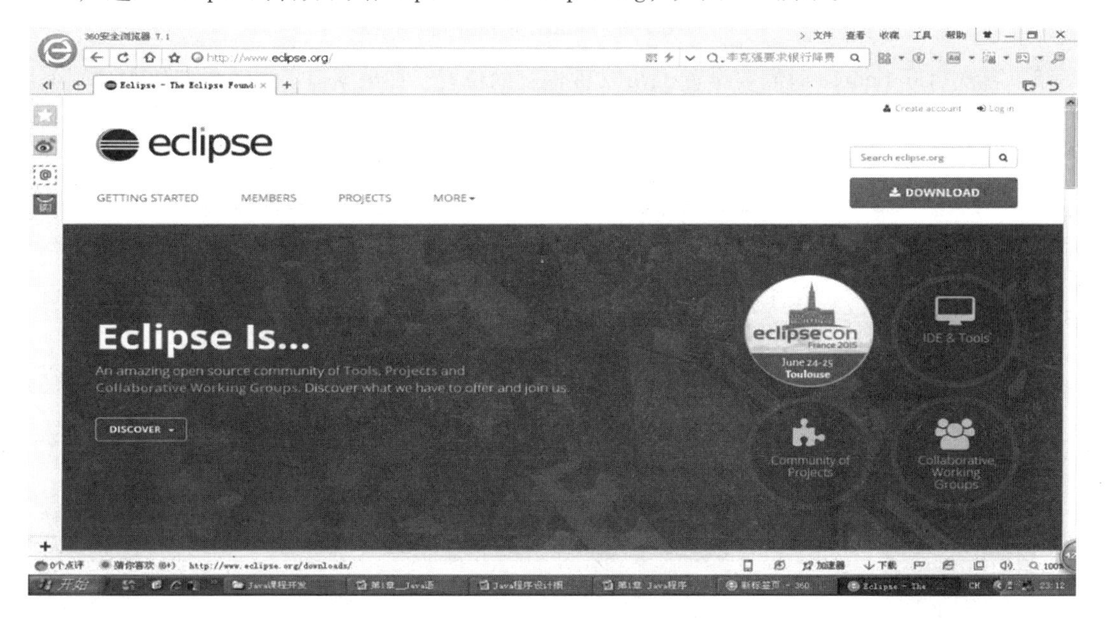

图 1-2　Eclipse 下载网站

2）单击菜单栏上的“DOWNLOAD”按钮，进入到 Eclipse SDK 下载页面，如图 1-3 所示。

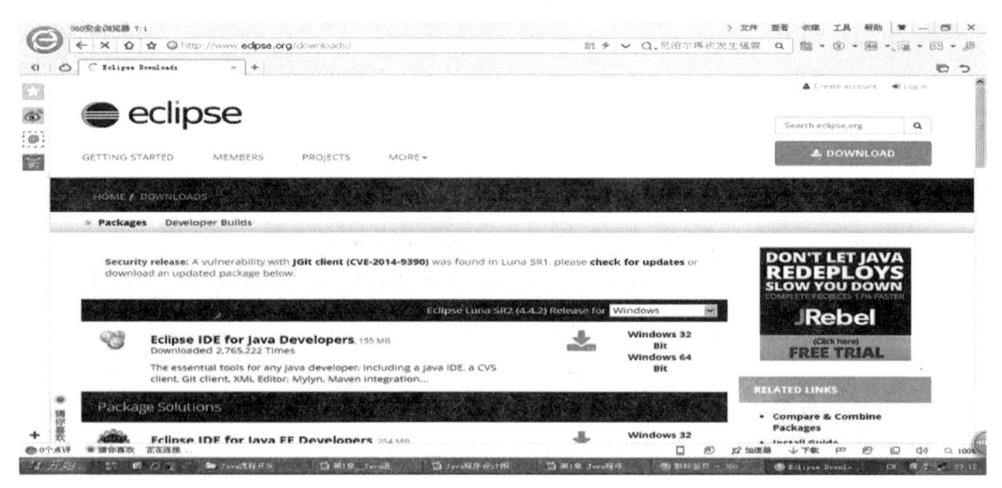

图 1-3　下载界面

3）选择下载版本，如图 1-3 所示。如果计算机是 32 位 Windows 系统，则单击“Windows 32 Bit”，如果是 64 位的 Windows 系统，则单击“Windows 64 Bit”。本书以 32 位的计算机为例进行说明，因此单击“Windows 32 Bit”。

4）下载完毕，会在“我的电脑”中相应的位置上得到一个压缩文件，解压缩之后，即可以得到可使用的 Eclipse，如图 1-4 所示。

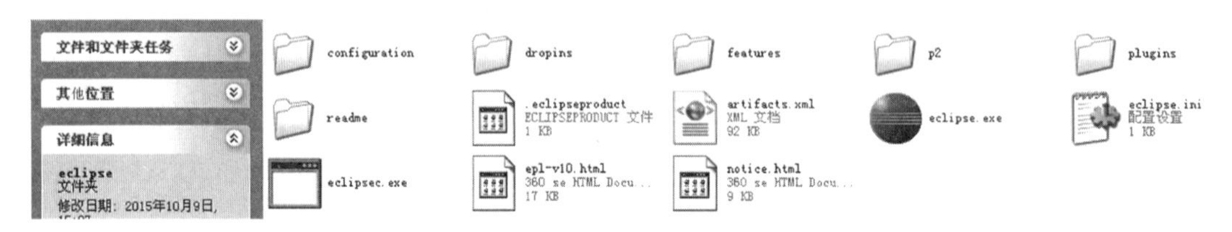

图 1-4　Eclipse 使用界面

5）首次打开 Eclipse 时需要设置 Java 文件保存的位置，如果不需要更改保存位置，则采用其默认位置，单击“OK”按钮，如图 1-5 所示。如果以后希望不再出现类似提醒，则选中“Use this as the default and do not ask again”复选框。

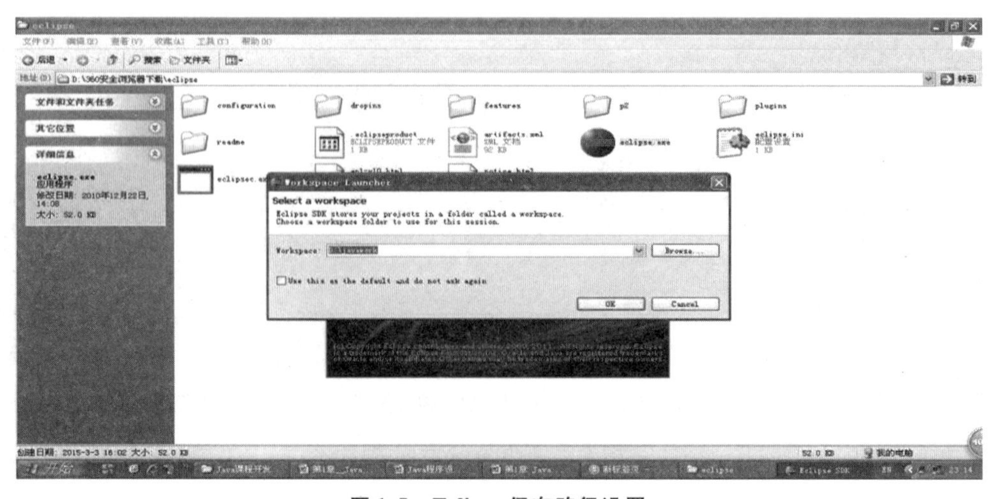

图 1-5　Eclipse 保存路径设置

6）Eclipse 的初始界面，如图 1-6 所示。

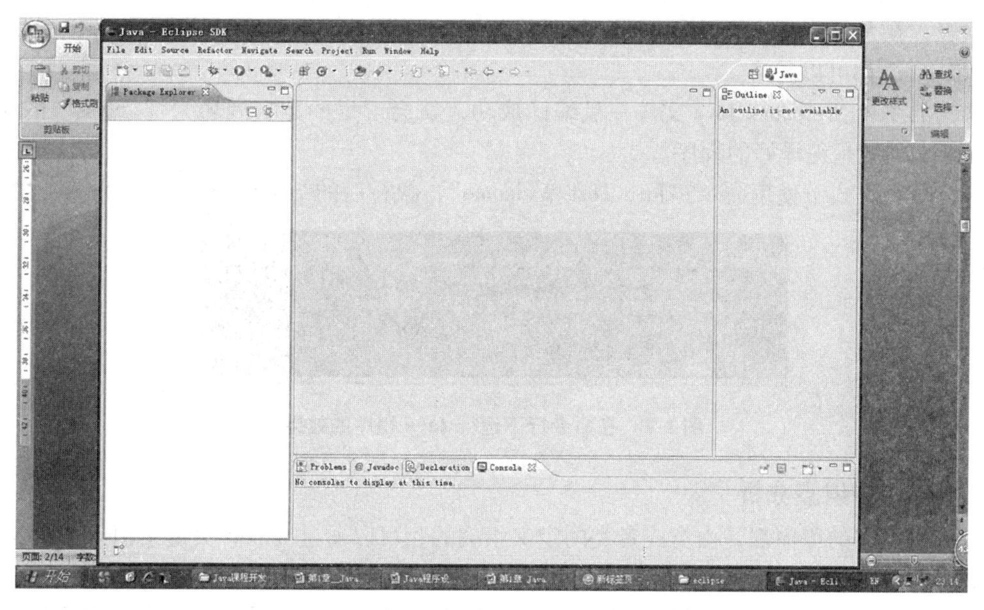

图 1-6　Eclipse 的初始界面

1.5　任务 1：编写简单的 Java Application 程序

【知识要点】
- 类的定义。
- Main 方法。
- 在命令行编译和运行 Java 程序。

【典型案例】编写 Java Application 程序，在屏幕上输出“Welcome to Java!”

1.5.1　详细设计

建立一个名为 Test_Welcome. Java 的文件，代码如下：

```
1    import java.io.*;
2    public class Test_Welcome {
3        public static void main(String[] args){
4            System.out.println("Welcome to Java!");
5        }
6    }
```

程序分析：

第 1 行：通过 import 语句引入了 java. io 包，这个包主要用于输入/输出工作。

第 2 行：创建名为“Test_Welcome”的类。

第 3 行：为类添加主函数。

第 4 行：调用输出方法 println()。

1.5.2　运行

在命令行的方式下直接用 JDK 中提供的程序来编译 Java 文件的格式如下：

```
[path1]Javac [option]  [path2]SourceFilename
```

其中，可选项 path1 为编译器 Javac 所在的路径；path2 为 Java 源程序所在的路径；option 是选项表，在大部分情况下可以省略。如果设置了 Java 的 PATH 和 CLASSPATH 环境变量，则 path1 和 path2 都可以省略。

本例的 Test_Welcome. Java 文件一旦编译成功，就会产生一个扩展名为“. class”的文件，该 . class 文件就是编译好的程序。

在命令行方式下使用命令“Java Test_Welcome”，执行后的结果如图 1-7 所示。

```
D:\javawork\Test_Chapter01\src>javac Test_Welcome.java

D:\javawork\Test_Chapter01\src>java Test_Welcome
Welcome to Java!

D:\javawork\Test_Chapter01\src>
```

图 1-7　在命令行下运行 Java 程序的效果

1.5.3　知识点分析

Java 中所有的程序都是由类或者类的定义组成的，可以通过 import 关键字引入系统定义的类。在 Java 中用 class 关键字来定义一个类，class 的前面可以有若干个限定类的性质的关键字。例如，public 表示这个类是一个公共类，可以被其他类访问。class 后面跟着表示类的类名，如 Test_Welcome。类名后面的大括号中是类体（语句组）。在 Java 中，每个陈述性语句后面都必须用分号结束。在类中既可以定义变量，也可以定义方法（函数）。

在编写 Java 程序时，需要注意以下几个方面：

1）Java 区分字母的大小写，因此关键字的大小写不能写错。如果把 class 写成 Class 或 CLASS，都会产生错误。

2）源程序编写完成后，应该以文件的形式保存在硬盘上，该文件称为源文件。同时，源程序的文件名必须与程序的主类名保持一致，并且以“. java”作为文件的扩展名，如本例中程序的文件名为 Test_Welcome. java。

3）Java 源程序的编写可以在任何文件编辑器中编写，如记事本等。但是无论用什么环境编写 Java 源程序，在保存文件时需要将文件的扩展名取为“. java”。

4）在一个程序中可以有一个或多个类，但是只能有一个主类。不同类型的 Java 程序，其主类标志是不同的。例如，本例属于 Java Application，这类 Java 程序中的主类标志是包含一个名为 main 的方法。

1.6　任务 2：用 Eclipse 编写 Java 程序

【知识要点】
- Eclipse 的使用。
- 在 Eclipse 中编写和运行 Java 程序。

【典型案例】在屏幕上输出“Welcome to Java!”

1.6.1　详细设计

程序开发人员也可以在 Eclipse 环境中编写、编译和运行 Java 应用程序。

1）打开 Eclipse，选择“File”→“New”→“Java Project”命令，创建一个 Java 项目，如图 1-8 所示。

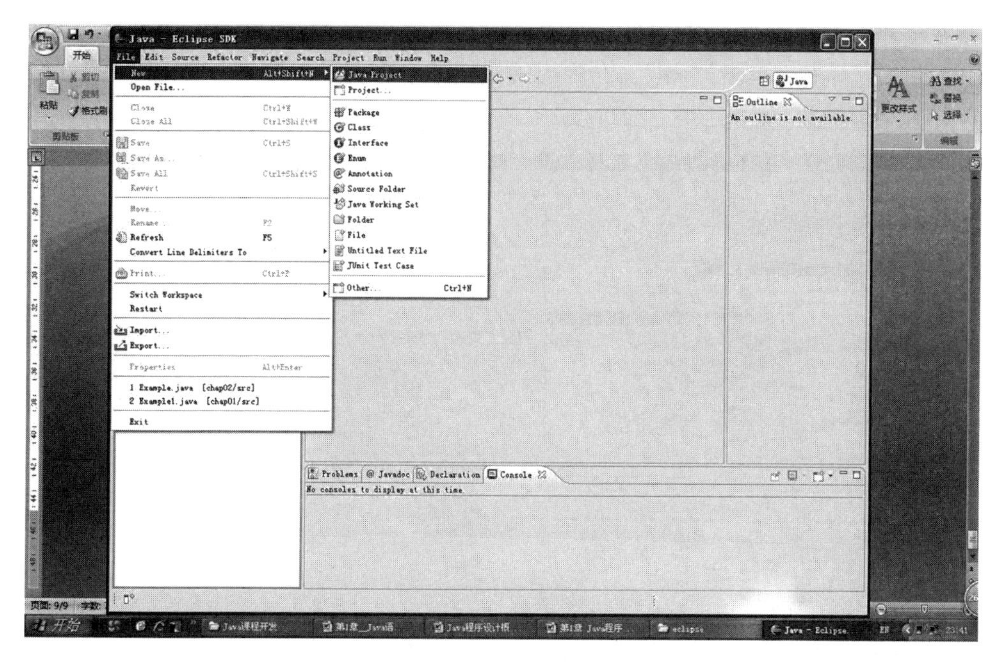

图 1-8　创建 Java 项目

2）本例中创建的项目名（Project name）为 Test_Chapter01，如图 1-9 所示。

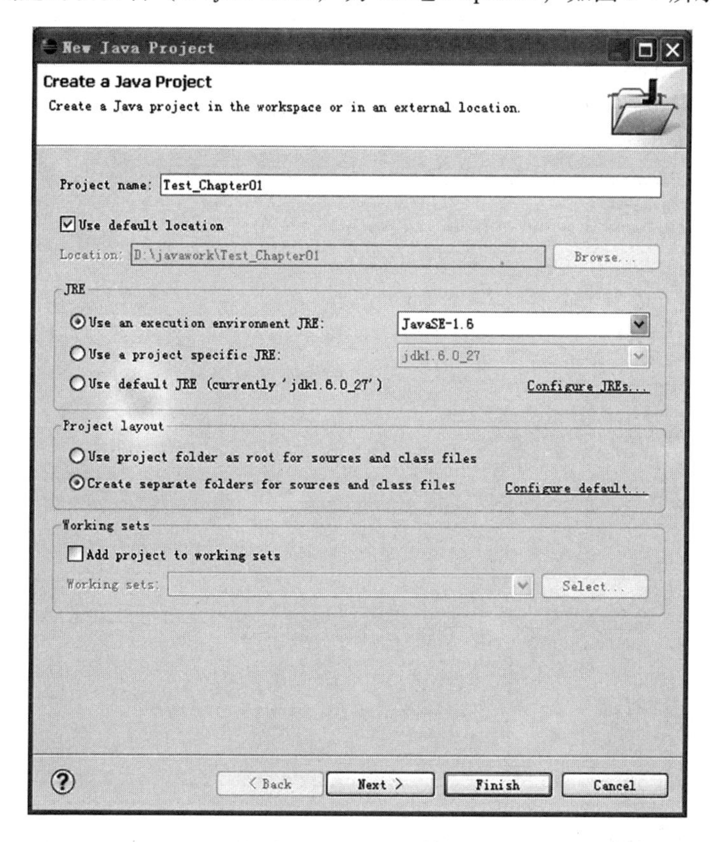

图 1-9　Java 项目命名

3）在创建好的项目中，进行 Java 类的创建。在“Package Explorer”中选中项目 Test_Chapter01，并用鼠标右键单击“src”，在弹出的快捷菜单中选择“New”→“Class”命令，如图 1-10 所示。

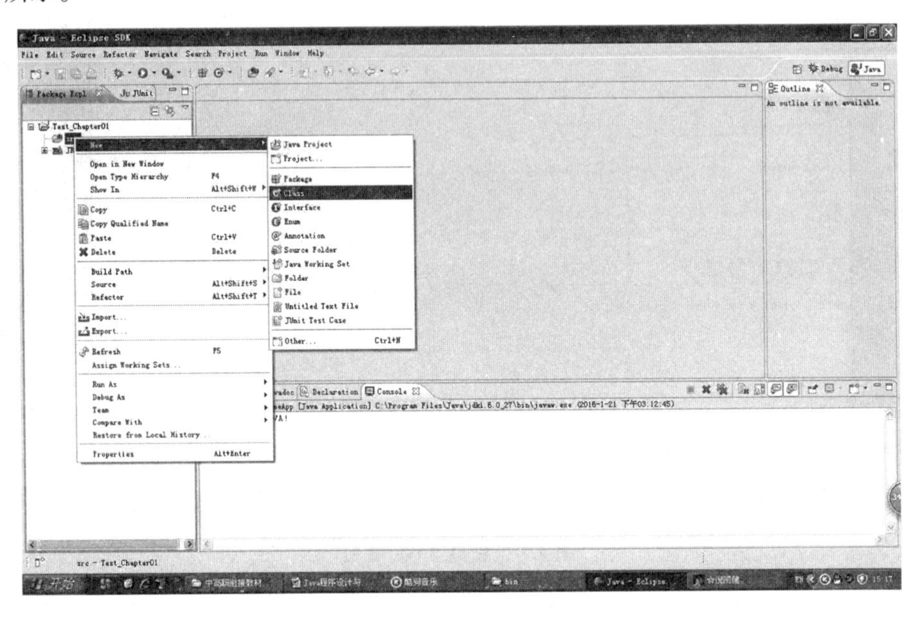

图 1-10　创建 Java 类

4）在弹出的窗口的“Name”文本框中输入“Test_Welcome”，并选中“public static void main(String[ ] args)”复选框，单击“Finish”按钮完成 Java 类的新建，如图 1-11 所示。

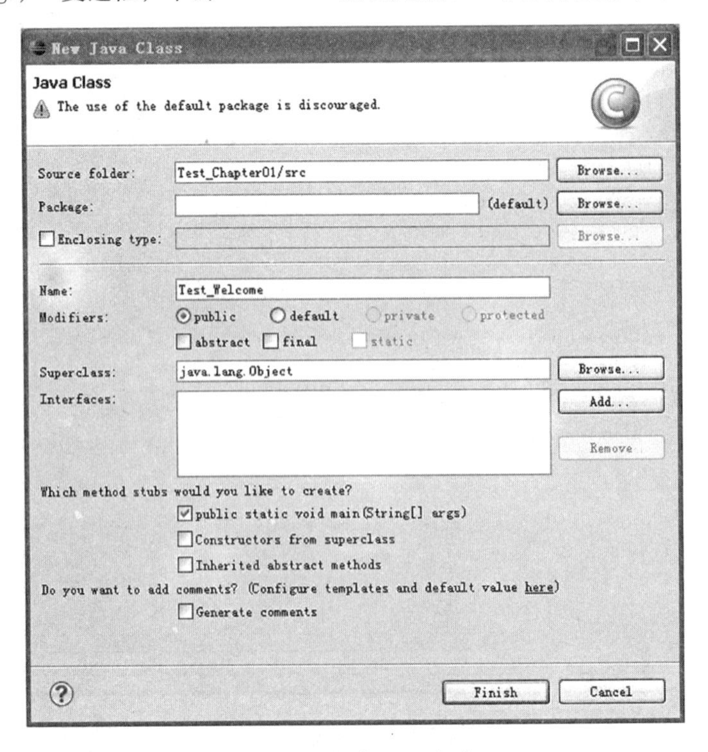

图 1-11　创建 Java 程序

5）在 Java 编程页面中，在已有的主函数 public static void main(String[ ] args) 中输入代码 “System. out. println("Welcome to Java!")”，如图 1-12 所示。

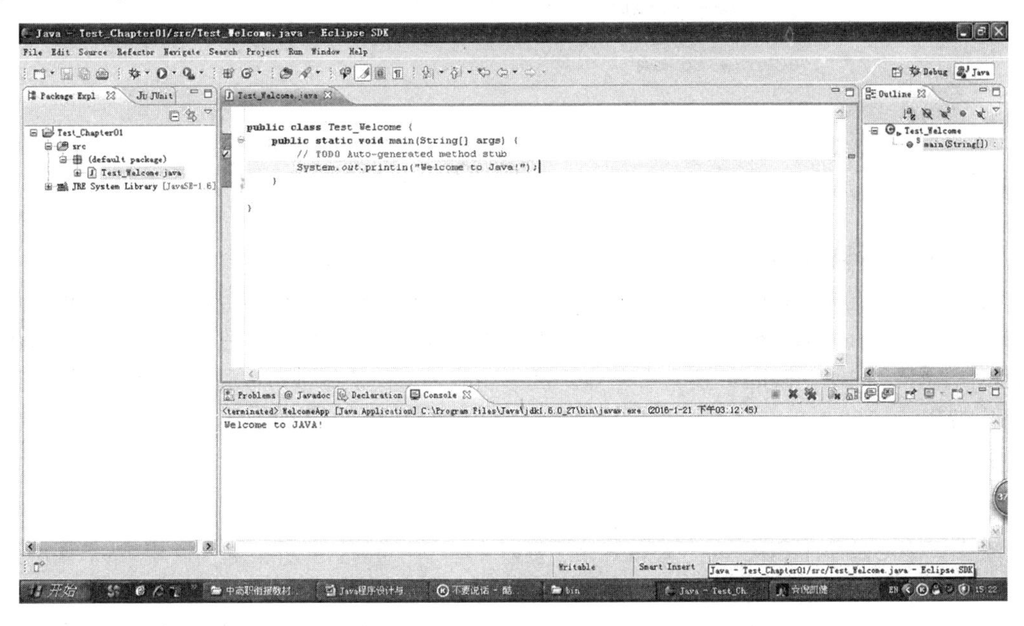

图 1-12　Java 编程界面

1.6.2　运行

在 Eclipse 中完成代码编写后，保存程序。用鼠标右键单击 “Package Explorer” 中的项目 Test_Chapter01，在弹出的快捷菜单中选择 “Run as” → “Java Application” 命令，运行该程序，如图 1-13 所示。

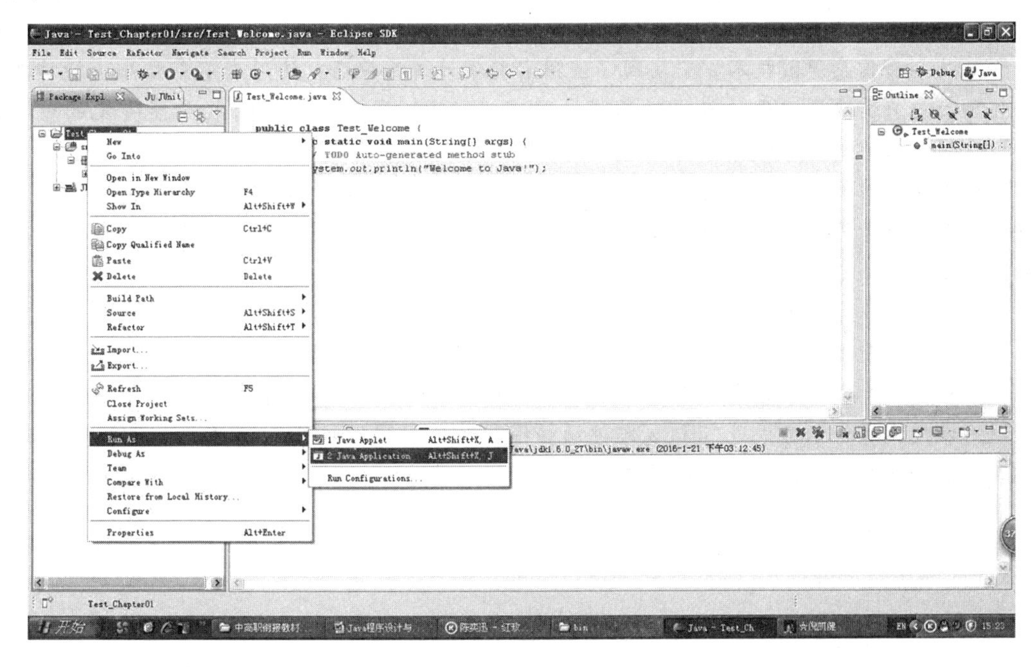

图 1-13　运行程序

在 Eclipse 环境中 Java 程序的运行结果在 Console（控制台）中显示，如图 1-14 所示。

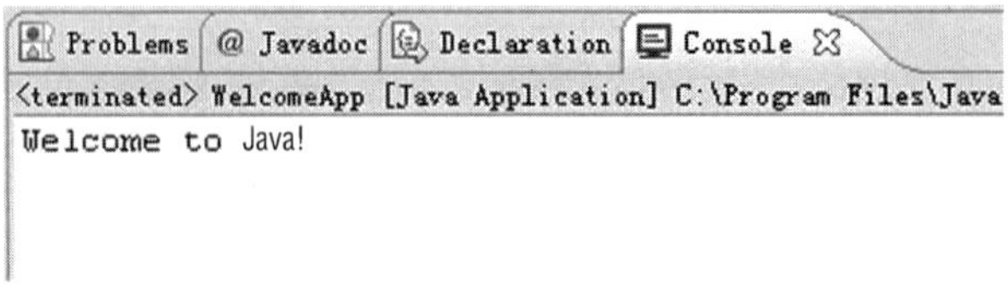

```
Problems  @ Javadoc  Declaration  Console
<terminated> WelcomeApp [Java Application] C:\Program Files\Java
Welcome to Java!
```

图 1-14　程序运行结果

1.6.3　知识点分析

运用 Eclipse 进行 Java 程序的编写极为方便，并且 Eclipse 带有自动信息提示（如可调用属性和方法等的提示）的功能。Eclipse 也可以自动检查 Java 程序编写中的语法错误，并给出相应的错误提示。同时，Eclipse 还具有断点调试等功能，这些功能都可以帮助开发人员轻松地进行 Java 编程。

本章小结

本章主要介绍了 Java 概述、类和对象、Java 的特点、Java 开发环境，以及 Java 程序的编写、编译和运行的方法等内容。

Java 是一种面向对象的程序设计语言。类和对象是面向对象语言的基本内容。对象是指现实世界中的任何一个具体实物，它包括对象的属性和作用于属性的方法。对象之间存在关联、包含和继承的关系。类是一组具有相同属性和方法的对象的抽象，描述了该组对象所具有的共同特征。

Java 语言的特点有简单性、面向对象、分布性、健壮性、解释执行、结构中立、安全性、可移植、多线程、高性能、动态性等。

封装、继承和多态是 Java 的关键特性。

封装是一种信息隐蔽技术，它实现了使用者与设计者的分离，使用者不需要知道操作实现的具体细节，只需要使用设计者提供的消息就可以实现对象的访问。封装是模块化的重要表现，Java 的封装特性可以使软件具有更好的维护性和修改性。

继承是面向对象程序设计语言的一个重要特性。通过继承，一个类可以获得其父类的属性和方法。继承关系可分为单继承和多继承，Java 只支持单继承。通过继承，可以很好地实现代码的重用性，也促进了系统的可扩展性。

多态性是指一个名字具有多种不同的操作实现。程序设计的多态性有两种基本形式：编译时多态性和运行时多态性。

Java 程序的开发环境有基于 Java 开发工具（JDK）和基于集成软件的开发环境。在程序开发时既可以使用命令的方式进行 Java 文件的编译，也可以利用 Eclipse 开发平台进行 Java 程序的编写、编译和执行。Eclipse 也是最常用的 Java 开发平台之一。

第2章　数据类型和运算符

Java 和其他计算机语言一样，在编写和运行时有一定的语法规则。掌握好 Java 的基本语法规则是编写 Java 程序的前提条件。本章主要介绍了编写 Java 程序的基础知识，包括 Java 标识符、注释、数据类型、变量、运算符、表达式、标准输入/输出语句等内容。

2.1　任务1：计算圆的面积和周长

【知识要点】
- 标识符。
- 保留字。
- 注释。
- 变量和常量。
- 数据类型。
- 数据类型的转换。

【典型案例】计算圆的面积和周长。

2.1.1　详细设计

本程序由类 Circle 实现，程序处理过程在方法 main( ) 中完成。该程序实现从键盘输入圆的半径，并根据该半径计算圆的面积和周长，代码如下：

```
1     import java.util.Scanner;
2     public class Circle {
3         public static void main(String[] args) {
4             int r;
5             float area,perimeter;
6             final float PI =3.14f;                    //定义圆周率 PI =3.14
7             System.out.println("请输入圆的半径:");
8             Scanner sc = new Scanner(System.in);
9             r = sc.nextInt();                         //从键盘获取半径
10            area = PI * r * r;                        //计算圆的面积
11            perimeter =2 * PI * r;                    //计算圆的周长
12            System.out.println("圆的面积:" + area);
13            System.out.println("圆的周长:" + perimeter);
14        }
15    }
```

程序分析：

第1行：添加输入库文件包。

第2行：创建类 Circle。

第3行：添加主函数。

第4~5行：定义数据变量 r（半径）、area（面积）、perimeter（周长）。

第6行：定义常量圆周率 PI =3.14。

第 8 ~ 9 行：从键盘获得作为半径的数据值。

第 10 ~ 11 行：调用圆的面积和周长公式，根据已有的半径值计算面积和周长。

第 12 ~ 13 行：调用输出方法 println( )，输出圆的面积和周长。

2.1.2 运行

本程序通过引用类 Scanner 实现从键盘输入数据，并将输入的数据作为半径（整型），根据圆周率（单精度浮点型）和圆的相关公式，计算得到面积和周长（单精度浮点型），最后用方法 System. out. println( )在 Console 中输出。

在 Eclipse 中完成代码编写后，保存程序。用鼠标右键单击项目源文件，选择“Run as”→“Java Application”命令，运行该程序，并在 Console（控制台）中根据信息提示输入圆的半径（本例圆的半径为 3）并运行，运行结果如图 2-1 所示。

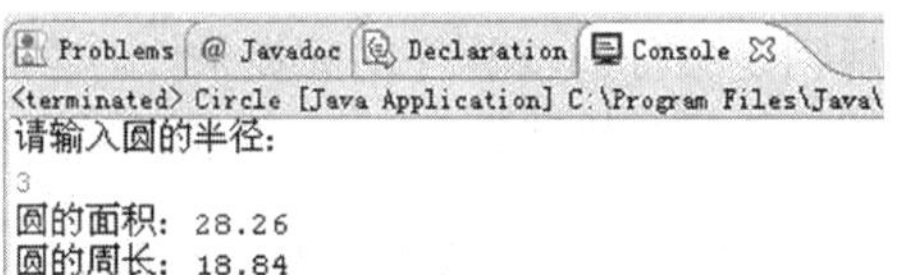

图 2-1　运行结果

2.1.3 知识点分析

1. 标识符

标识符用于标识变量、函数、类和对象等，用户在编程时可以通过标识符来使用它们（变量、函数、类和对象等）。在 Java 程序开发过程中，程序开发人员可以按照 Java 标识符定义的语法规则来自行定义标识符。Java 对于标识符的命名规则如下：

1）标识符由字母（A ~ Z、a ~ z）、数字（0 ~ 9）、下画线（ _ ）和美元符号（ $ ）组成。

2）标识符的第一字符必须为字母（A ~ Z、a ~ z）、下画线（ _ ）或美元符号（ $ ），不能为数字。

3）标示符区分大小写，但没有长度限制。

4）标示符不能使用 Java 中已有的保留字（关键字），用户自定义的标识符可以部分包含保留字，如 class_Student、pnl_main。

有效的标识符如 Student、myname、ict_network、Circle。

2. 保留字

Java 将一些具有特定意义和用途、由系统定义的标识符作为 Java 的保留字或关键字。定义标识符时不可以与关键字重复。表 2-1 中是 Java 中的保留字（关键词）。

表 2-1　Java 的保留字

abstract	class	false	import	package	switch	try
boolean	const	final	instanceof	private	synchronized	void
break	continue	finally	int	protected	this	while
byte	default	float	interface	public	threadsafe	
byvalue	Do	for	long	return	throw	
case	double	goto	native	short	throws	
catch	else	if	new	static	transient	
char	extends	implements	null	super	true	

注意： 在 Java 中区分字母的大小写，Java 保留字中 true、false、null 都是小写，而在C ++ 中是大写。

3. 注释

在编写Java程序时，开发人员往往需要对一些程序进行注释。这些注释一方面便于程序开发人员自己阅读和理解程序代码，另一方面也便于其他人员更好地理解开发人员的程序设计思路。Java注释主要有以下3种方式：

1）// 单行注释。

2）/*……*/ 多行注释。

3）/**……*/ 文档注释。这种注释方式也可以注释若干行代码，不过与第二种注释方式不同的是，文档注释的内容将写入Javadoc文档。

在程序中的注释内容不会被编译，它只是对程序起到解释说明的作用。例如：

```
final float PI =3.14f;  //定义圆周率PI =3.14
```

以上代码是定义圆周率的单行注释。

4. 常量和变量

（1）常量

在Java中，固定不变的量称为常量。数值常量如3.14，字符常量是用单引号表示，如'a'。Java中提供一些转义字符，转义字符以反斜杠（\）开头，转移字符可以将反斜杠后面的字符转变为另外的含义。例如，单引号字符“\'”，回车“\r”，换行“\n”。

（2）变量

变量用标识符表示，变量名必须符合Java中合法的标识符定义。变量表示了内存中一定的存储空间。程序开发人员可以通过变量来修改其所对应的存储空间中存储的值。和C或者C++一样，在Java中变量在使用之前必须要先定义，变量定义的格式如下：

```
数据类型 标识符[,标识符];
```

数据类型是指定义何种类型的变量，这里的数据类型必须是一种有效的Java类型。数据类型既可以是基本类型，也可以是复合类型。标识符是要定义的变量名。方括号表示可选项，在定义变量时，开发人员可以同时定义一个或多个变量，多个变量之间用逗号隔开，例如：

```
int id,score,avg_score;
```

5. 数据类型

Java中所涉及的数据类型都与Java的运行平台无关，每个数据类型都有其对应的默认值。这也使得Java具有很好的跨平台性、完全性和稳定性。

Java的数据类型可分为基本数据类型和复合数据类型。基本数据类型是指在Java系统内部已经定义的数据类型，如整型、实型等。复合数据类型是指由用户根据需求自己定义并可以实际运行的数据类型，如类、接口等。表2-2列出了Java的基本数据类型。

表2-2　Java定义的基本数据类型

类型		范围/格式	说明
整型	byte	1B	字节整型
	short	2B	短整型
	int	4B	整型
	long	8B	长整型

（续）

类　型		范围/格式	说　明
实型	float	4B	单精度
	double	8B	双精度
字符	char	2B Unicode 字符集	单字符
布尔	boolean	1B	布尔值

（1）整型

整型有 byte、short、int 和 long 4 种类型。整型也可以分为整型常量和整型变量。

整型常量有以下 3 种表示形式：

1）十进制整型常量由 0 ~ 9、+、- 字符组成，如 12、-34。

2）八进制整型常量由 0 ~ 7、+、- 字符组成，如 012（相当于十进制的 10）、-34（相当于十进制的 -28）。

3）十六进制整型常量由 0 ~ 9、+、-、A ~ F、a ~ f、x 或 X 字符组成，并以 +、- 号加 0x 或 0X 开头，如 0x12、-0X3A。

注意： 使用 long 型表示常量时，需要在数值后面加大写的字母 L 或小写的字母 l。

在整型的 4 种类型中，byte 类型是最小的整数类型。它常用在小型程序的开发上，尤其是分析网络协议或文件格式方面。short 在目前很少使用，它在早期 16 位计算机时较为常用，而现在的计算机大都是 32 位或 64 位，因此很少使用这种数据类型。int 数据类型是最常用的整型类型。long 数据类型在整型中可取的数值范围最大，例如：

```
int r = 6;          //定义了一个 int 变量 r
long sum = 6;       //定义了一个 long 变量 sum
```

整型运算时，如果变量的结果超过该变量所属数据类型的取值范围，则运算结果将对其数据类型的最大值进行取模运算。

（2）实型

实型有 float（单精度类型）和 double（双精度类型）两种数据类型。实型也称为浮点数据类型。它也包括实型常量和实型变量。

实型常量的表示形式有以下两种。

1）十进制数表示：由数字、小数点和正负号组成，且必须有小数点，如 1.2、-34.56。

2）科学计数法表示：由数字、小数点、正负号和字母 E/e 组成，且在 E/e 之前必须有数字，如 1.2e3、-34E5。

与整型变量相比，实型变量中 double（双精度类型）比 float（单精度类型）的数据具有更高的精度和更大的数值表示范围。其中，单精度数据比双精度数据所占内存空间少，但是在处理器中处理的速度比双精度数据类型快一些。例如：

```
float f = 3.14f;           //定义了一个 float 变量 f
double d = 3.14;           //定义了一个 double 变量 d
```

注意： 如果要表示 float 类型常量，则必须在数值后加上字母 F 或 f，否则将默认该数值的数据类型为双精度型数据。

（3）字符型

字符型也包括字符型常量和字符型变量。

字符型常量是用单引号括起来的一个字符，如 'a'。Java 还提供了以反斜杠 “\” 开头的转义字符，如“\ddd”表示 1 ~3 位八进制数据，“\uxxxx”表示 1 ~4 位十六进制数据，“\n”表示回车。

在 Java 中，字符型数据虽然不能用作整型，但是在运算时可以把字符型数据作为整型数据来操作。例如：

```
char ch ='a';
char res =(char)(ch +1);
```

字符型变量 ch 的初始值为字符 'a'，在执行相加运算时，根据 ASCII 码表字符 'a' 被转化为相应的整型（97），然后与整型数值 1 进行加运算，最后将相加的结果（98）再根据 ASCII 码表转化为相应的字符型数据，上例的结果为 res = 'b'。

（4）布尔型

在 Java 中，使用关键字 boolean 定义布尔类型的变量，布尔类型的值只有 true 和 false，因此布尔型变量常用于条件判断语句。定义布尔类型变量，例如：

```
boolean flag =true;
```

注意：布尔类型不能与其他任意类型相互转换。

6. 数据类型的转换

在编程的过程中，可能会涉及多个数据类型之间的相互转换。在 Java 中，数据类型之间的转换分成强制类型转换和自动类型转换等。

（1）强制类型转换

把某种数据类型强制转换成另外一种数据类型称为强制类型转换。

例如，可以将一个 float 类型的值强制转换到 int 变量中。强制转换的方法如下：

```
float pi =3.14f;
int b =(int)pi;
```

在上述程序中，强制转换的数据类型放置在圆括号中，并置于赋值表达式的前面。以上操作将浮点型变量 pi 的数据类型强制转换为整型。

注意：

1）将需要进行强制转型的全部表达式放在一对圆括号中，否则可能会引起操作的优先级的混淆，例如：

```
float pi =3.14;
int b =(int)(pi +3);
```

2）强制转换并不能在任意的类型之间进行。例如，整型不能强制转换成数组，浮点型不能强制转换成布尔型。

（2）自动类型转换

在含有多种数据类型的“混合”运算过程中，数据类型“小”的变量（数据类型在内存中所占的字节空间少）可以被自动升级为另一个“较长”形式的变量（数据类型在内存中所占的字节空间大），如 int 型变量可以自动升至 long 型变量。

```
long log =6;
int i =99;
log =i;
```

在含有多种数据类型的“混合”运算表达式中，如果参加运算的数值数据类型不相同，同时不存在强制类型转换时，最后的运算结果的数据类型将是参与运算的所有数据类型中精度最高的那个操作数的数据类型。例如，3 * 5.0 的结果就是 double 型，因为 3 是整型，5.0 是 double 型，其运算结果将进行自动类型转换，所以运算结果是与 5.0（double 数据类型）一致的 double 型。

2.2 任务2：三角形的判定

【知识要点】
- 运算符的概述。
- 算术运算符。
- 逻辑运算符。
- 比较运算符。
- 位运算符。
- 赋值运算符。
- 条件运算符。
- 表达式。
- 运算符的优先级。

【典型例题】通过三角形的三条边，判定能否组成三角形。

2.2.1 详细设计

本程序由类 TriAngle 实现，程序处理过程在方法 main( ) 中完成。本程序实现根据输入的三角形三条边之间的关系，判断这三条边能否构成一个三角形，代码如下：

```
1    import java.util.Scanner;
2    public class TriAngle {
3        public static void main(String[] args) {
4            int a,b,c;
5            System.out.println("请输入三角形的三条边:");
6            Scanner sc = new Scanner(System.in);
7            System.out.print("a = ");
8            a = sc.nextInt();
9            System.out.print("b = ");
10           b = sc.nextInt();
11           System.out.print("c = ");
12           c = sc.nextInt();
13           if((a + b) > c&&(a + c) > b&&(b + c) > a)   //判断条件:任意两边之和大于第三边
14               System.out.println(a + "," + b + "," + c + "能构成三角形");
15           else
16               System.out.println(a + "," + b + "," + c + "不能构成三角形");
17       }
18   }
```

程序分析：

第 1 行：添加库文件。

第 2 行：创建类 TriAngle。

第 3 行：添加主函数。

第 4 行：定义三角形的三条边。

第 5 ~ 12 行：从键盘输入三角形的三条边。

第 13 ~ 16 行：判断三角形的三条边能否构成三角形，并输出判断结果。

2.2.2　运行

本程序创建类 Scanner 的对象 sc，通过对象 sc 调用方法 nextInt( )实现从键盘输入数据，然后根据从键盘输入的 3 个数据值，以及通过算术运算符、比较运算符和逻辑运算符实现三角形判断标准的描述，并最终实现三角形形状的判定。

在 Console 中，根据信息提示输入三角形的三条边，如果三角形的三条边满足：任意两边之和大于第三边的条件，则能构成三角形。具体运行结果如图 2-2 所示。如果三条边不满足三角形构成条件，则运行结果如图 2-3 所示。

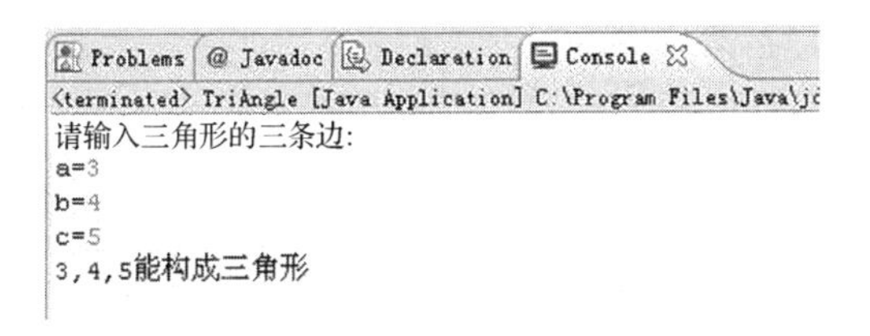

图 2-2　运行结果 – 能构成三角形

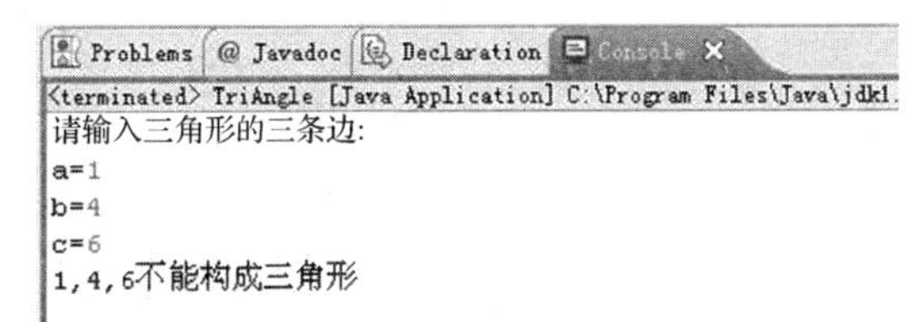

图 2-3　运行结果 – 不能构成三角形

2.2.3　知识点分析

1. 运算符

按照参与运算的操作数个数的不同，运算符可分为单目运算符（只有一个操作数）、双目运算符（有两个操作数参与运算）和三目运算符（有 3 个操作数参与运算）。除了进行相应的运算外，运算符也可以有返回值，返回值的类型取决于运算符和操作数的类型。

Java 的运算符主要包括算术运算符、关系运算符、条件运算符、位运算符、逻辑运算符和赋值运算符。

2. 算术运算符

算术运算符主要用于算术运算，包括单目算术运算符（+、-、++、--）和双目算术运算符（+、-、*、/、%），见表 2-3。

表 2-3　算术运算符

运算符		使用方式	说明
单目运算符	++	op ++	op 值递增 1，表达式取 op 递增前的值
	++	++ op	op 值递增 1，表达式取 op 递增后的值
	--	op --	op 值递减 1，表达式取 op 递减前的值
	--	-- op	op 值递减 1，表达式取 op 递减后的值
	+	+ op	取正
	-	- op	取负
双目运算符	+	op1 + op2	求 op1 与 op2 相加的和
	-	op1 - op2	求 op1 与 op2 相减的差
	*	op1 * op2	求 op1 与 op2 相乘的积
	/	op1/op2	求 op1 除以 op2 的商
	%	op1%op2	求 op1 除以 op2 所得的余数

注意:

1）两个整型进行除法运算，则结果是商的整数部分。例如，2/3 结果为 0，而 9/5 结果为 1。

2）浮点型数据也可以进行取余运算（运算符为%），浮点型变量 a 与 b 进行取余运算（a%b）表示 a 除以 b 后剩下的浮点数部分，如 20.5%4，结果为 0.5。

【例 2-1】 算术运算符的应用。

```
1     public class Arith_math {
2         public static void main(String[] args) {
3             int i_x=1;
4             int i_y=2;
5             int i_m=3,i_n=3;
6             int r_m,r_n;
7             float d_x=13.5f;
8             float d_y=3.0f;
9             System.out.println(i_x+"+"+i_y+"="+(i_x+i_y));
10            System.out.println(i_x+"*"+i_y+"="+(i_x*i_y));
11            System.out.println(i_x+"/"+i_y+"="+(i_x/i_y));
12            System.out.println(i_x+"%"+i_y+"="+(i_x%i_y));
13            System.out.println(d_x+"-"+d_y+"="+(d_x-d_y));
14            System.out.println(d_x+"*"+d_y+"="+(d_x*d_y));
15            System.out.println(d_x+"/"+d_y+"="+(d_x/d_y));
16            System.out.println(d_x+"%"+d_y+"="+(d_x%d_y));
17            System.out.println(i_y+"*"+d_y+"="+(i_y*d_y));
18            r_m=++i_m;
19            r_n=i_n++;
20            System.out.println("r_m=++i_m,r_m="+r_m+",i_m="+i_m);
21            System.out.println("r_n=i_n++,r_n="+r_n+",i_n="+i_n);
22        }
```

程序分析:

第 1 行：创建类 Arith_math。

第 3 ~ 8 行：定义变量。

第 9 ~ 12 行：整型变量的 +、*、/、% 运算。

第 13 ~ 16 行：单精度浮点型变量的 -、*、/、% 运算。

第 17 行：整型变量和单精度浮点型变量的混合乘运算。

第 18 ~ 19 行：整型变量的自增运算。

以上代码在 Console 中的运算结果如图 2-4 所示。

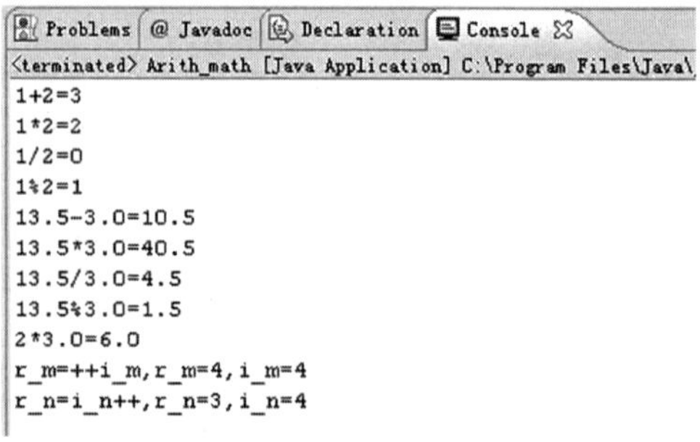

```
Problems  @ Javadoc  Declaration  Console
<terminated> Arith_math [Java Application] C:\Program Files\Java\
1+2=3
1*2=2
1/2=0
1%2=1
13.5-3.0=10.5
13.5*3.0=40.5
13.5/3.0=4.5
13.5%3.0=1.5
2*3.0=6.0
r_m=++i_m,r_m=4,i_m=4
r_n=i_n++,r_n=3,i_n=4
```

图 2-4　运行结果

3. 关系运算符

关系运算符用于比较两个数据之间的大小关系。常用的关系运算符有 >（大于）、> =

(大于等于)、< (小于)、<= (小于等于)、== (等于)、!= (不等于)。如果关系运算表达式的运算结果是“真”，则表明该表达式所设定的大小关系成立；如果运算结果为“假”，则说明该表达式所设定的大小关系不成立。关系运算的结果为布尔型。

4. 逻辑运算符

逻辑运算符有 && (与)、|| (或)、! (非)，见表 2-4 在进行逻辑运算时，运算符两边的操作数和运算结果都必须为布尔类型。

表 2-4　逻辑运算符

运算符	使用方式	返回 true 的条件
&&	op1&&op2	op1 与 op2 均为 true
||	op1||op2	op1 或 op2 为真
!	!op	op 为假

【例 2-2】 关系运算符和逻辑运算符的应用。

```
1    public class LogicOperation {
2        public static void main(String[] args) {
3            //TODO Auto-generated method stub
4            boolean b1 = true;
5            boolean b2 = false;
6            int x1 = 3, x2 = 5, x3 = 10;
7            System.out.println(b1 + "&&" + b2 + " = " + (b1&&b2));
8            System.out.println(b1 + "||" + b2 + " = " + (b1||b2));
9            System.out.println("!" + b2 + " = " + (! b2));
10           System.out.println("x1 > x2&&x1 < x3   " + (x1 > x2&&x1 < x3));
11           System.out.println("x1 > x2||x1 < x3   " + (x1 > x2||x1 < x3));
12           System.out.println("! (x1 > x2)   " + (! (x1 > x2)));
13       }
14   }
```

程序分析：

第 1 行：创建类 LogicOperation。

第 4 ~6 行：定义变量。

第 7 ~9 行：判断 boolean 型变量 b1 和 b2 的与、或、非逻辑关系。

第 10 ~12 行：判断整型表达式的与、或、非逻辑关系。

以上代码在 Console 中的运行结果如图 2-5 所示。

```
Problems  @ Javadoc  Declaration  Console
<terminated> LogicOperation [Java Application] C:\Program Files\Java\
true&&false=false
true||false=true
!false=true
x1>x2&&x1<x3   false
x1>x2||x1<x3   true
!(x1>x2)   true
```

图 2-5　运行结果

5. 位运算符

位运算符是以二进制位的方式对操作数进行运算，运算结果为整型数据。在 Java 中，使用补码来表示二进制数位。位运算符见表 2-5，移位运算示例见表 2-6，其他位运算示例见表 2-7。

表 2-5　位运算符

位运算符	使用方式	操　　作
> >	op1 > > op2	op1 中各位都向右移 op2 位（最高位补符号位）
< <	op1 < < op2	op1 中各位都向左移 op2 位
> > >	op1 > > > op2	op1 中各位都向右移 op2 位（无符号，补 0）
&	op1&op2	按位与
|	op1 | op2	按位或
^	op1^op2	按位异或
~	~op	按位取反

表 2-6　移位运算示例

X（十进制数）	二进制补码表示	x < < 2	x > > 2	x > > > 2
25	00011001	01100100	00000110	00000110
-17	11101111	10111100	11111011	00111011

表 2-7　其他位运算示例

x，y（十进制数）	二进制补码表示	x&y	x | y	x^y	~x
x = 25 y = -17	x = 00011001 y = 11101111	00001001	11111111	11110110	11100110

6. 赋值运算符

赋值运算符是先对表达式进行某种运算，然后将运算结果赋给表达式中的某一个变量，见表 2-8。

表 2-8　赋值运算符

复合赋值运算符	使　用　方　式	等　价　形　式
+ =	op1 + = op2	op1 = op1 + op2
- =	op1 - = op2	op1 = op1 - op2
* =	op1 * = op2	op1 = op1 * op2
/ =	op1/ = op2	op1 = op1/op2
% =	op1% = op2	op1 = op1%op2
& =	op1& = op2	op1 = op1&op2
| =	op1 | = op2	op1 = op1 | op2
^ =	op1^ = op2	op1 = op1^op2
< < =	op1 < < = op2	op1 = op1 < < op2
> > =	op1 > > = op2	op1 = op1 > > op2
> > > =	op1 > > > = op2	Op1 = op1 > > > op2

7. 条件运算符

条件运算符为三目运算符，其格式如下：

条件表达式 ? 语句1 : 语句2

其语义是：如果条件表达式为真，则执行语句 1，否则执行语句 2。

例如，c = a > b? a:b，如果 a > b，则 c = a；如果 a < b，则 c = b。

注意： 语句 1 和语句 2 作为比较结果将返回给某变量，因此语句 1 和语句 2 必须具有相同的数据类型，且该数据类型不能为 void 类型。

【例 2-3】 条件运算符的应用。

```
1     import java.util.Scanner;
2     public class ConOperation {
3         public static void main(String[ ] args) {
          //TODO Auto - generated method stub
4             int a,b,c;
5             System.out.println("请输入两个数据:");
6             Scanner sc = new Scanner(System.in);
7             System.out.print("a = ");
8             a = sc.nextInt();
9             System.out.print("b = ");
10            b = sc.nextInt();
11            c = a > b? a:b;
12            System.out.print("a 和 b 的比较结果中较大的是:" + c);
13        }
14    }
```

程序分析：

第 1 行：添加输入库文件包。

第 2 行：创建类 ConOperation。

第 4 行：定义变量。

第 5 ~ 10 行：从键盘输入两个数据。

第 11 行：利用条件运算符比较两个数据 a、b 的大小。

第 12 行：输出比较结果。

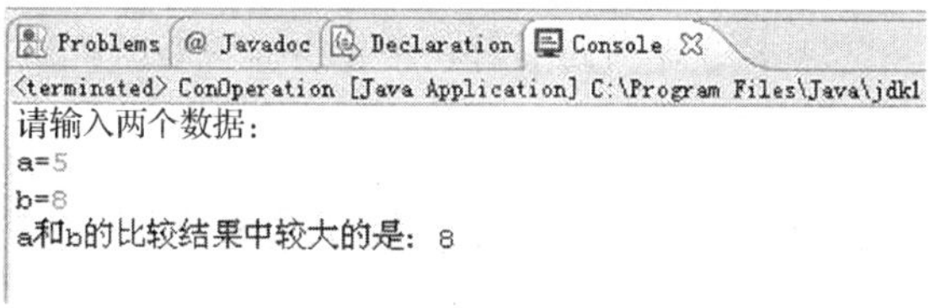

Problems @ Javadoc Declaration Console
<terminated> ConOperation [Java Application] C:\Program Files\Java\jdk1
请输入两个数据:
a=5
b=8
a和b的比较结果中较大的是: 8

图 2-6　运行结果

以上代码在 Console 中的运行结果如图 2-6 所示。

8. 表达式

表达式是由变量、常量、运算符、操作数等按照 Java 的语法规则构造而成的。最简单的表达式是一个常量或一个变量。表达式可以执行指定的运算，并且将运算结果返回。例如，“a + 2”就是一个有效的表达式。

9. 运算符的优先级

在使用表达式时，需要注意表达式值的数据类型、运算符的功能、运算符的优先级、运算符的结合性、对操作数的要求（包括个数要求、类型要求和值要求）等。

表达式进行运算时需要是按照运算符的先后顺序从高到低进行。同级的运算符按照运算符的结合性（自左向右结合，或自右向左结合）进行运算。运算符的优先级（由高到低排列）见表 2-9。

表 2-9　运算符的优先级

操　作	运　算　符	结　合　性
后缀运算符	[ ]　.　( )	→
单目运算符	!　~　++　--　+（正）　-（负）	←
创建	New	→
乘除	*　/　%	→
加减	+（加）　-（减）	→
移位	<<　>>　>>>	→
关系	<　>　<=　>=　instanceof	→
相等	==　!=	→
按位与	&	→
按位异或	^	→
按位或	|	→
逻辑与	&&	→
逻辑或	||	→
条件	?:	←
赋值	=　+=　-=　*=　/=　%=　&= ^=　|=　<<=　>>=　>>>=	←

注意：

1）[ ] . ( ) 的优先级最高，因此在运算时可以使用圆括号来提升某些运算的优先级。

2）单目运算符的优先级比双目运算符的优先级高。

3）除了单目运算符、条件运算符和赋值运算符的结合性为从右到左外，其他运算符的结合性均为从左到右。

2.3　任务3：输入/输出学生信息

【知识要点】• Java 的标准输入/输出。
• I/O 文件流。

【典型案例】输入/输出学生的信息。

2.3.1　详细设计

本程序由类 Student 实现，程序处理过程在方法 main( ) 中完成。本程序实现学生信息的输入和输出，代码如下：

```
1    import java.util.Scanner;
2    public class Student {
3        public static void main(String[ ] args) {
4            //TODO Auto - generated method stub
5            String name;
6            int age;
7            float score;
```

```
8          Scanner sc = new Scanner(System.in);
9          System.out.println("请输入学生姓名:");
10         name = sc.next();
11         System.out.println("请输入学生年龄:");
12         age = sc.nextInt();
13         System.out.println("请输入一个学生成绩数据:");
14         score = sc.nextFloat();
15         System.out.println("你输入的学生姓名为:" + name);
16         System.out.println("你输入的学生年龄为:" + age);
17         System.out.println("你输入的学生成绩为:" + score);
18     }
19 }
```

程序分析:

第 1 行：添加输入库文件包。

第 2 行：创建类 Student。

第 5 ~7 行：定义变量。

第 8 ~ 14 行：从键盘输入学生信息。

第 15 ~17 行：输出学生信息。

2.3.2　运行

本程序调用标准输入/输出 System. in 和 System. out 实现数据的输入和输出。程序首先创建类 Scanner 的对象，并通过对象调用方法 next( )实现从键盘输入字符串（学生的姓名），通过调用方法 nextInt( )实现从键盘输入整型数据（学生的年龄），通过调用方法 nextFloat( )实现从键盘输入单精度浮点型数据（学生的成绩），并最终通过方法 System. out. println( )输出相关数据。

以上代码在 Console 中运行时，输入学生的姓名、年龄和成绩等信息后，结果如图 2-7 所示。

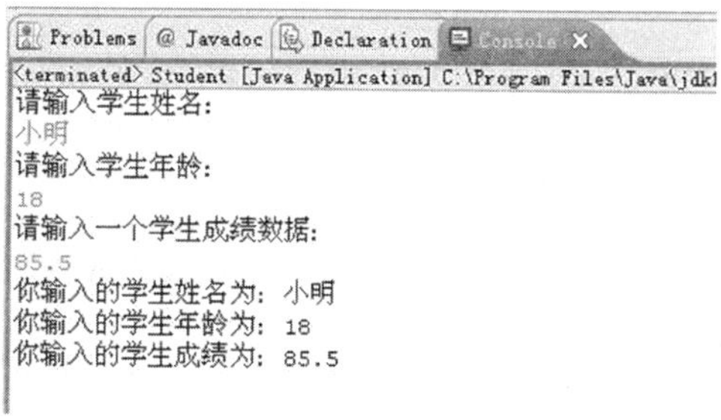

```
Problems  @ Javadoc  Declaration  Console ✕
&lt;terminated&gt; Student [Java Application] C:\Program Files\Java\jdk
请输入学生姓名:
小明
请输入学生年龄:
18
请输入一个学生成绩数据:
85.5
你输入的学生姓名为: 小明
你输入的学生年龄为: 18
你输入的学生成绩为: 85.5
```

图 2-7　运行结果图

2.3.3　知识点分析

Java 中输入/输出（I/O）操作都是基于数据流进行的，输入/输出数据流表示了字符或者字节数据的流动序列。同时，Java 的 I/O 提供了读/写数据的标准方法，任何 Java 中数据源的对象都能以数据流的方式进行数据读/写。

在 Java 程序中经常采用标准输入/输出。标准输入是键盘输入，标准输出是输出到终端屏幕。在 Java 中通过系统类 System 可以达到访问标准输入/输出的功能，前面程序中使用到的方法 System. out. println( )表示标准输出流。

Java 中常用的流类主要包括 InputStream、OutputStream 和 System。其中类 System 管理标准输入流、输出流和错误流。

1）System. in：InputStream 对象，输入字节数据流，标准输入设备为键盘。

2）System. out：PrintStream 对象，输出字节数据流，标准输出设备为显示器。

3）System. err：PrintStream 对象，输出系统错误信息，标准错误设备为屏幕。

其中 System. err 实现标准错误输出，它既可以指向屏幕，也可以指向某一个文件（这是标准错误输出和标准输出的区分）。System. in 作为类 InputStream 的对象实现从键盘的标准输入，System. in 可以使用 read( )和 skip(long n)两个方法，其中方法 read( )使用户从输入中读取一个字节，方法 skip(long n)使用户在输入中跳过 n 个字节。System. out 作为类 PrintStream 的对象来实现到屏幕的标准输出，System. out 可以使用 print( )、println( )和 printf( )3 个方法。其中前两个方法支持 Java 中的任意基本类型作为其参数，方法 println( )在完成打印工作后自动换行，但是方法 print( )在完成打印后不能自动换行。方法 printf( )是 JDK 5. 0 新增的格式输出方法，它的具体格式是：

```
System.out.printf(格式,数据);
```

它有两个参数，第一个参数是限定输出数据的格式，第二个参数是需要输出的数据，具体输出格式标识的说明见表 2-10。

表 2-10　System. out. printf( )的格式标识

格式标识	说　明	例　子
%b	输出布尔值	true 或 false
%c	输出一个字符值	'a'
%d	输出以带符号的十进制形式输出整数	123
%f	输出以小数形式的浮点数	45. 6
%s	输出字符串	" Hello World"

本章小结

本章主要介绍了 Java 语言基础知识，包括 Java 语言标识符、注释、数据类型、变量、运算符、表达式、标准输入/输出语句等内容。

标识符用于标识变量、函数、类和对象等。它是由字母、数字、下画线或美元符号（ $ ）组成，并以字母、下画线或美元符号（ $ ）开头的一串字符。标识符不能与保留字（关键字）相同，但是在标识符中可以部分使用关键字。Java 区分标识符的大小写。

Java 的数据类型可分为基本数据类型（或简单数据类型）和复合数据类型。基本数据类型是指已在 Java 中定义的数据类型，有整型、实型、字符型和布尔型。复合数据类型是用户根据自身需要定义并实现其运算的数据类型，如类和接口。

运算符按照参与运算的操作数个数的不同可分为单目运算符、双目运算符和三目运算符。Java 运算符主要包括算术运算符、关系运算符、逻辑运算符、条件运算符、位运算符以及赋值运算符。

Java 中的表达式由常量、变量、运算符、操作数等按照 Java 的语法规则构造而成。最简单的表达式是一个常量或一个变量。表达式在运算时要按照 Java 中运算符的优先顺序从高到低进行。

Java 通过系统类 System 达到访问标准输入/输出的功能。System 管理标准输入/输出流和错误流，有以下 3 个对象：System. out、System. in、System. err。

第3章　程序流程控制

流程控制语句是Java程序设计中最基本的内容，用于控制程序中语句执行的顺序。本章节主要介绍了流程控制语句的3种基本结构：顺序、分支和循环结构，同时还介绍了语句跳转和嵌套等内容。

3.1　任务1：判断学生成绩是否有效

【知识要点】
- 分支（条件）语句的概述。
- if-else分支语句。

【典型案例】判断输入的学生成绩是否有效。

3.1.1　详细设计

本程序实现通过键盘输入学生成绩，并判断该学生的成绩是否在0～100的有效成绩范围内，代码如下：

```
1   import java.util.Scanner;
2   public class StudentScore {
3       public static void main(String[] args) {
4           //TODO Auto-generated method stub
5           int score;
6           Scanner sc = new Scanner(System.in);
7           System.out.println("请输入学生成绩:");
8           score = sc.nextInt();
9           if(score >= 0&&score <= 100)
10          {
11              System.out.println("输入的成绩有效!");
12          }
13          else
14          {
15              System.out.println("输入的成绩无效!(学生成绩需在0～100范围内)");
16          }
17      }
18  }
```

程序分析：

第2行：创建类StudentScore。

第6～8行：从键盘输入学生成绩。

第9～15行：用if-else语句判断输入的学生成绩是否为0～100分。

3.1.2　运行

本程序通过标准输入System.in，以及Scanner对象的方法sc.nextInt()实现从键盘输入数据

（学生成绩），然后通过 if-else 语句判断学生成绩是否为 0 ~ 100 分，并根据判断结果输出相关信息提示。

在 Console 中根据提示输入学生成绩，如果输入的成绩为 0 ~ 100 分，则输出“输入的成绩有效!”，如图 3-1 所示。

如果输入的成绩低于 0 分或者高于 100 分，则输出“输入的成绩无效!（学生成绩需在 0 ~ 100 范围内）”，如图 3-2 所示。

Problems　@ Javadoc　Declaration　Console
<terminated> StudentScore [Java Application] C:\Program Files\Java\
请输入学生成绩:
85
输入的成绩有效!

图 3-1　运行结果 – 成绩有效

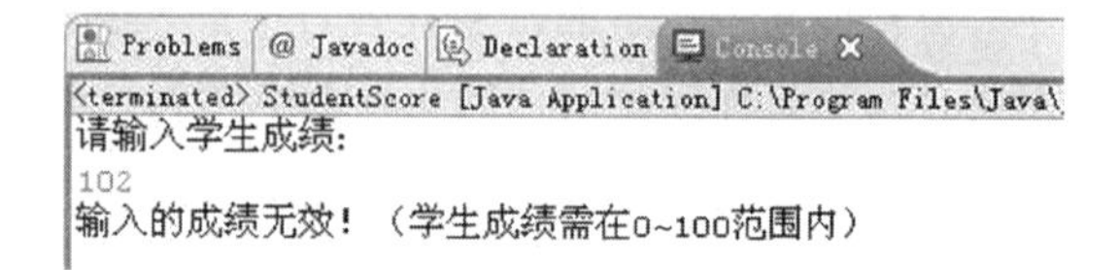

图 3-2　运行结果 – 成绩无效

3.1.3　知识点分析

在实际生活中，事情的处理过程往往不是简单地从开始到结束的顺序过程，中间可能会因为具体情况的不同而进行不同的处理操作，这样的情况称为分支（或条件）。分支结构有两路或多路分支，在执行时根据条件表达式的真假来选择语句的走向。在 Java 中主要提供了 if 语句和 switch 语句这两种类型的分支结构。

if 语句（又称为分支语句或者条件语句）根据给定条件的不同，执行不同分支的程序。

1. if-else 分支语句

if 语句有以下两种形式：

（1）if 语句

执行过程如图 3-3 所示。格式如下：

```
if(条件表达式)
{
    语句组;
}
```

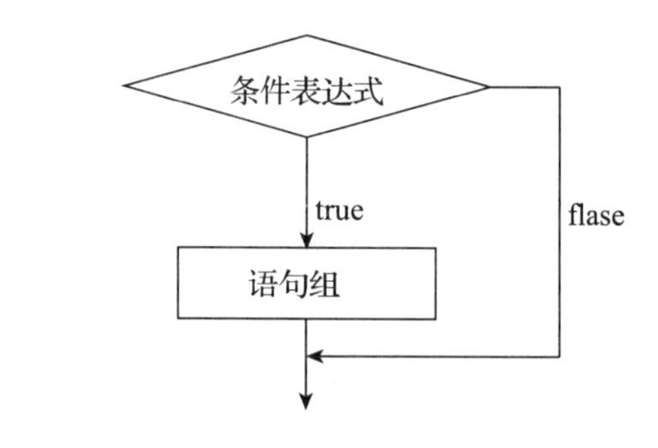

图 3-3　if 语句执行过程

if 分支语句的作用：如果条件表达式的值为真，则执行语句组的内容，否则不执行。

（2）if-else 语句

执行过程如图 3-4 所示。格式如下：

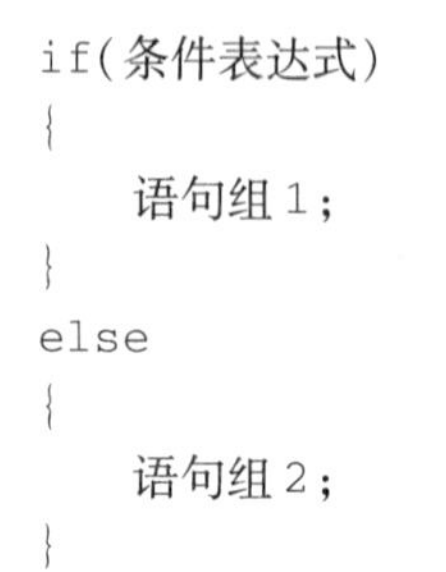

```
if(条件表达式)
{
    语句组 1;
}
else
{
    语句组 2;
}
```

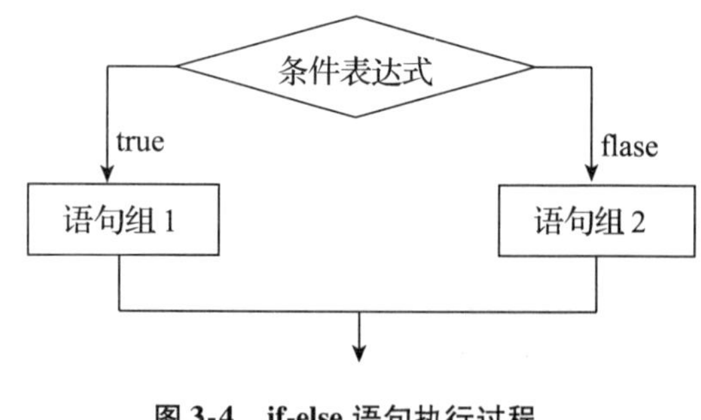

图 3-4　if-else 语句执行过程

if-else 分支语句的作用：如果条件表达式为真，则执行语句组 1，否则执行 else 语句后面的语句组 2。

注意： 语句组中可以包含一条或多条语句。如果语句组中只含有一条语句，则大括号可省略。当执行语句中含有两条及以上语句时，必须要用大括号将执行语句括起来。

2. 嵌套 if-else 分支语句

执行过程如图 3-5 所示。格式如下：

```
if(条件表达式 1)
{
    语句组 1;
}
else if(条件表达式 2)
{
    语句组 2;
}
…
else if(条件表达式 n)
{
    语句组 n;
}
else
{
    语句组 n+1;
}
```

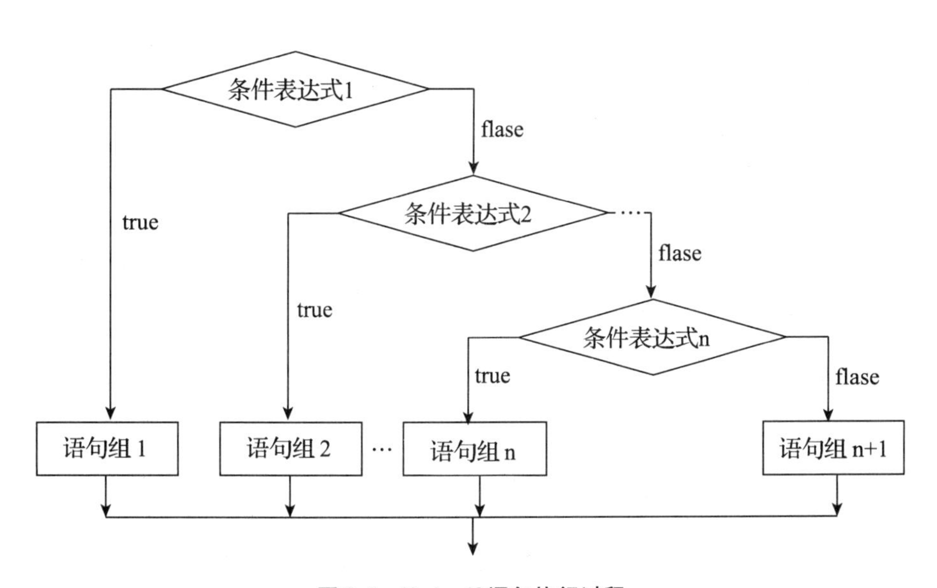

图 3-5　if-else if 语句执行过程

嵌套 if-else 分支语句的作用：从第一个条件表达式开始，依次判定条件表达式的值，当某个分支的条件表达式的值为真时，则运行该分支条件所对应的语句组，否则跳转到下一个表达式继续判断表达式的值，依次类推。如果最后所有的条件表达式均为假，则执行最后一个 else 后面的语句组 n + 1。

注意：

1）在嵌套 if-else 分支语句中，最后的 else 语句不能省略。

2）嵌套 if-else 分支语句格式是前面的 if-else 语句格式的扩展，在多个 if-else 语句中，else 子句必须与离它最近的 if 子句配对。例如：

```
1    if(x > y)
2        if(x > z)
3            System.out.println("语句 1");
4        else
5            System.out.println("语句 2");
6    else
7        if(y > z)
8            System.out.println("语句 3");
9        else
10           System.out.println("语句 4");
```

以上代码中，第 4 行的 else 与第 2 行的 if 配对，第 6 行的 else 与第 1 行的 if 配对，第 9 行的 else 与第 7 行的 if 配对。

3.2 任务 2：学生成绩转换

【知识要点】 • switch 分支语句。
• 分支语句的嵌套。

【典型案例】将以百分制方式输入的学生成绩转换为相应的等级成绩。

3.2.1 详细设计

本程序实现通过键盘输入学生百分制的成绩，并将学生的百分制成绩转换为相应的等级制成绩，代码如下：

```
1    import java.util.Scanner;
2    public class StudentGrade {
3        public static void main(String[] args) {
4            //TODO Auto - generated method stub
5            int score,grade;
6            Scanner sc = new Scanner(System.in);
7            System.out.println("请输入学生成绩:");
8            score = sc.nextInt();
9            grade = score/10;
10           switch(grade)
11           {
12               case 10:System.out.println("学生的成绩等级为 A");break;
13               case 9:System.out.println("学生的成绩等级为 A");break;
14               case 8:System.out.println("学生的成绩等级为 B");break;
15               case 7:System.out.println("学生的成绩等级为 C");break;
16               case 6:System.out.println("学生的成绩等级为 D");break;
17               default:System.out.println("学生的成绩等级为 E");
18           }
19       }
20   }
```

程序分析：

第2行：创建类StudentGrade。

第5行：定义变量。

第6~8行：从键盘输入学生成绩（百分制）。

第9行：将0~100分的成绩除以10，转换成0~10分。

第10~17行：用switch语句将学生的成绩转换为相应的等级成绩。

3.2.2 运行

本程序通过Scanner对象的方法sc.nextInt()实现从键盘输入学生成绩score，将输入的学生成绩score（百分制）除以10（整除）得到十分制成绩grade，然后通过switch语句，分别判断grade取不同值时对应的学生等级成绩。

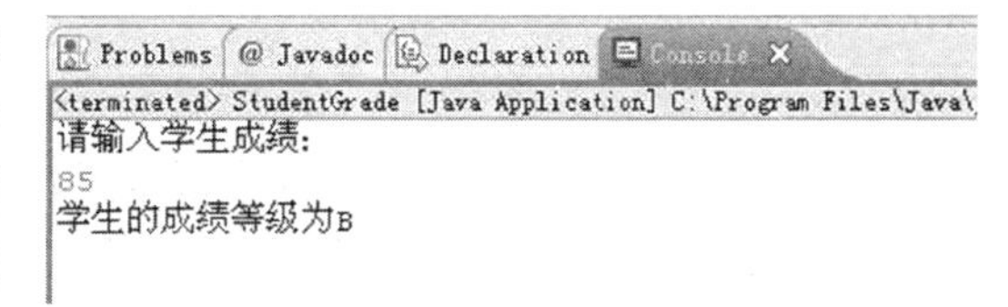

图3-6　运行结果

在Console中根据提示从键盘输入学生百分制成绩，将其转换为相应的A、B、C、D、E这5个等级，程序运行结果如图3-6所示。

3.2.3 知识点分析

switch语句与上一节中的if-else语句相似，也是一种分支语句（条件语句），当条件分支较多时，可以采用switch分支语句。

switch分支语句的格式如下：

```
switch(表达式)
{
    case 值1:语句组1;break;
    case 值2:语句组2;break;
    …
    case 值N:语句组n;break;
    [default:语句组n+1;break;]
}
```

switch分支语句的作用：当条件表达式的取值满足case语句后的常量“值1”时就执行“语句组1”，依次类推。如果所有case中的常量值都不满足时，则执行最后default后面的“语句组n+1”。

注意：

1）switch语句中条件表达式的数据类型必须是int、byte、char或short。

2）case后面的值必须是常量，并且所有case子句中的值必须是各不相同的（不能重复）。

3）default语句在某些情况下是可以省略的。在所有case中都没有与条件表达式相匹配的值时，如果有default语句，就执行default后面的语句；如果没有default语句，就跳出switch语句。

4）每组case语句后面的break都不能省略，break用于在执行完某个case子语句后，跳出switch语句。

5）在某些情况下，允许多个不同的case子语句执行相同的操作，此时只需在不同组case子语句的最后一个case子句后面写上需执行的语句组。例如，在任务2中，switch语句可以进行如下变换：

```
10            switch(grade)
11            {
12                case 10:
13                case 9:System.out.println("学生的成绩等级为A");break;
14                case 8:System.out.println("学生的成绩等级为B");break;
15                case 7:System.out.println("学生的成绩等级为C");break;
16                case 6:System.out.println("学生的成绩等级为D");break;
17                default:System.out.println("学生的成绩等级为E");
18            }
19        }
20    }
```

由于 case 10 和 case 9 具有相同的语句组，因此可以将这两个语句组进行合并。

实际运行过程中，如果学生的成绩大于 100 分，则输出的等级也为 E；如果学生的成绩低于 0 分，则输出的等级也为 E，如图 3-7 和图 3-8 所示。

图 3-7　运行结果 - 成绩有效　　　　**图 3-8　运行结果 - 成绩无效**

之所以会出现以上的情况，是因为在 switch 语句中，条件表达式的取值一旦超出所有 case 子句所列举的值，都将执行 default 语句中的内容，因此当输入的成绩大于 100 或者小于 0 时，都会输出“学生的成绩等级为 E”的语句。如何来解决这个问题呢？下面对任务 2 进行修改，在通过键盘输入学生百分制的成绩后，先判断输入的成绩是否在 0 ~ 100 的范围内，如果在限制条件的范围内，则将百分制成绩转换为相应的等级成绩。

【例 3-1】 将百分制成绩转换为相应的等级成绩。

```
1     import java.util.Scanner;
2     public class StudentGrade {
3         public static void main(String[] args) {
4             //TODO Auto-generated method stub
5             int score,grade;
6             Scanner sc = new Scanner(System.in);
7             System.out.println(“请输入学生成绩:”);
8             score = sc.nextInt();
9             grade = score/10;
10            if(score > =0&&score < =100)
11            {
12                switch(grade)
13                {
14                    case 10:System.out.println("学生的成绩等级为A");break;
15                    case 9:System.out.println("学生的成绩等级为A");break;
16                    case 8:System.out.println("学生的成绩等级为B");break;
```

```
17                      case 7:System.out.println("学生的成绩等级为C");break;
18                      case 6:System.out.println("学生的成绩等级为D");break;
19                      default:System.out.println("学生的成绩等级为E");
20                  }
21              }
22              else
23                  System.out.println("输入的成绩无效!(学生成绩需在0~100范围内)");
24          }
25      }
```

程序分析：

第2行：创建类StudentGrade。

第5行：定义变量。

第6~8行：从键盘输入学生成绩（百分制）。

第9行：将学生的成绩除以10（缩小10倍）。

第10行：判断学生的成绩是否为0~100分。

第12~19行：如果学生的成绩为0~100分，则利用switch语句进行等级制转换。

第22~23行：如果学生的成绩不为0~100分，则输出成绩无效的信息提示。

以上代码运行后，如果输入的学生成绩为0~100分，则进行等级制成绩转换，如图3-9所示。

如果输入的学生成绩不为0~100分，则显示“输入的成绩无效!”的信息提示，如图3-10所示。

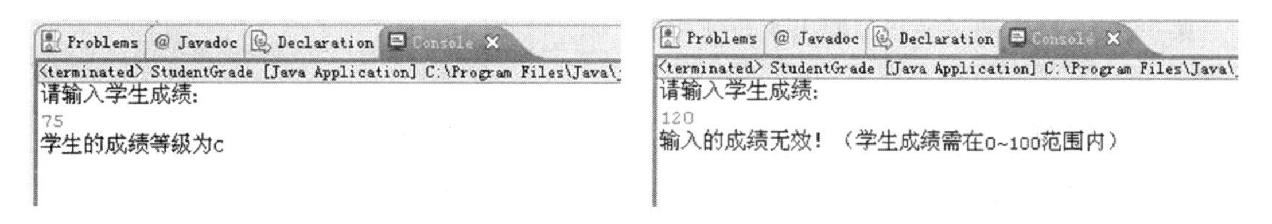

图3-9　运行结果－成绩有效　　图3-10　运行结果－成绩无效

例3-1首先对输入成绩做条件判断，使得百分制与等级制成绩之间的转换限制为0~100分，所有大于100分或者小于0分的情况都作为无效数据，即可弥补任务2中的不足。以上的过程是通过分支语句（条件语句）的嵌套，即在if-else语句中嵌套switch语句来实现的。因此在很多程序设计的过程中，程序开发人员都可以按照实际需求采用嵌套的方式来实现程序功能。

3.3　任务3：学生成绩录入

【知识要点】for循环语句。

【典型案例】从键盘录入多位学生的成绩。

3.3.1　详细设计

本程序实现通过循环的方式，从键盘输入多位学生的成绩，并显示输入学生的成绩，代码如下：

```
1    import java.util.Scanner;
2    public class ScoreStatistics {
3        public static void main(String[] args) {
4            //TODO Auto-generated method stub
5            int i,j=0,sum=0;
6            int score[]=new int [5];
7            Scanner sc=new Scanner(System.in);
8            for(i=0;i<5;i++)
9            {
10               System.out.println("请输入第"+(i+1)+"位学生的成绩:");
11               score[i]=sc.nextInt();
12           }
13           for(i=0;i<5;i++)
14           {
15               System.out.println("第"+(i+1)+"位学生的成绩:"+score[i]);
16           }
17       }
18   }
```

程序分析：

第 2 行：创建类 ScoreStatistics。

第 5 ~6 行：定义变量。

第 7 ~12 行：通过循环，从键盘输入 5 位学生的成绩。

第 13 ~16 行：通过循环，输出 5 位学生的成绩。

3.3.2 运行

本程序首先创建含有 5 个元素的数组(a[0]、a[1]、a[2]、a[3]、a[4])，然后通过 Scanner 对象及 for 语句实现 5 个元素值（学生成绩）的输入和输出。在 for 语句中，起始条件是 i=0，数组的下标从 0 开始，即数组的第一个元素是 a[0]，因此第五个元素是a[4]，所以条件表达式为 i<5，循环条件是 i=i+1。

在 Console 中，从键盘输入 5 位同学的成绩并显示，运行结果如图 3-11 所示。

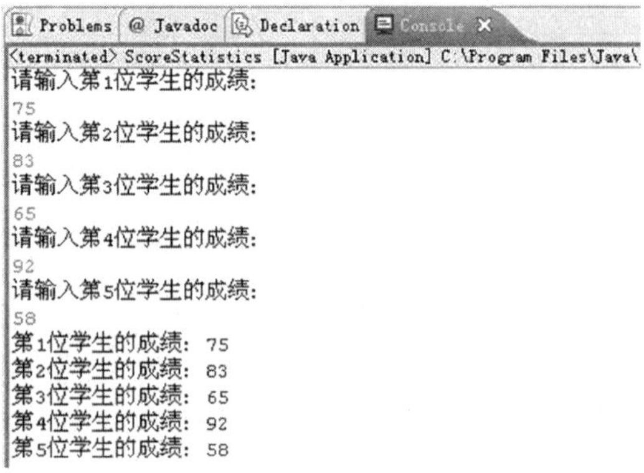

```
Problems  @ Javadoc  Declaration  Console ✕
<terminated> ScoreStatistics [Java Application] C:\Program Files\Java\
请输入第1位学生的成绩:
75
请输入第2位学生的成绩:
83
请输入第3位学生的成绩:
65
请输入第4位学生的成绩:
92
请输入第5位学生的成绩:
58
第1位学生的成绩: 75
第2位学生的成绩: 83
第3位学生的成绩: 65
第4位学生的成绩: 92
第5位学生的成绩: 58
```

图 3-11　运行结果 - 成绩输入

3.3.3 知识点分析

循环结构是指在满足一定条件时，反复执行某一段语句。Java 中有 3 种循环语句：for 语句、while 语句和 do-while 语句。其中，for 语句和 while 语句属于“当型”循环，即先判断循环条件，若条件为真则执行循环；而 do-while 语句属于“直到型”循环，即先执行一次循环体，然后再判断循环条件是否成立，如果成立则继续执行循环语句。

其中，for 语句是循环语句中最灵活、最常用的一种循环语句。它主要用于有固定循环次数的场合。

for 循环执行流程如图 3-12 所示。格式如下：

```
for(初始表达式;条件表达式;循环表达式)
{
    语句组;
}
```

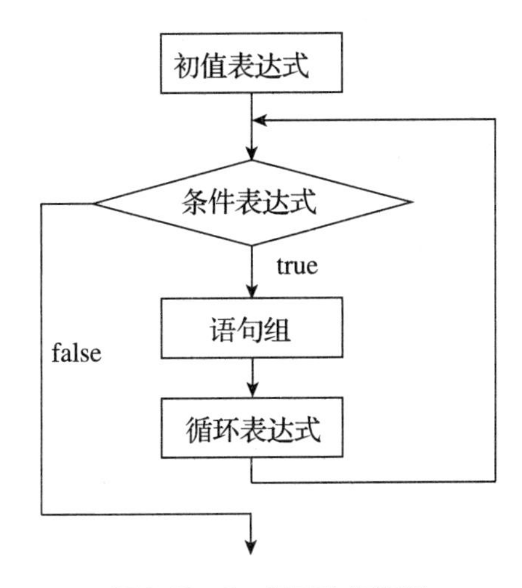

图 3-12　for 循环执行流程

for 语句中的初始表达式完成循环变量的初始化，该表达式在循环过程中只执行一次。条件表达式用于判断是否满足循环条件；循环表达式用于调整循环变量，改变循环的条件。

for 循环语句的作用：首先执行初始化表达式，初始化循环变量，然后判断条件表达式是否为真。如果为真，则执行循环体语句组中的内容。执行完循环体语句组后回到循环表达式，根据循环表达式改变循环条件，从而完成一次循环。下一次循环，仍然判断是否满足条件表达式，若满足条件表达式，则继续循环执行语句组，并根据循环表达式修改循环条件，依次循环，直到不满足条件表达式时，结束 for 语句（结束循环）。例如：

```
for(int i =1; i <100; i ++)
{
    i =i +1;
}
```

注意：

1）for 语句中的 3 个表达式均可省略（但表达式之间的分号不能省略），此时相当于一个无限循环。

2）初始表达式和循环表达式中都可以包含多个语句序列，但是需要使用逗号将多个表达式进行分隔，如 for(i =0, j =0; i < 10; i ++, j ++)。

3）可以在 for 语句的初始表达式中声明变量，如 for(int i =1; i < 100; i ++)。在初始表达式中定义的变量的作用域为整个 for 语句。

3.4　任务 4：学生成绩统计

【知识要点】
- while 循环语句。
- do-while 循环语句。

- 增强型 for 循环结构。
- 跳转语句 break、continue、return。

【典型案例】统计多位同学的成绩总和。

3.4.1　详细设计

本程序实现通过键盘输入多位学生的成绩，并统计这些学生成绩的总和，代码如下：

```
1    import java.util.Scanner;
2    public class ScoreStatistics {
3        public static void main(String[] args) {
4            //TODO Auto-generated method stub
5            int i,j =0,sum =0;
6            int score[] =new int [5];
7            Scanner sc =new Scanner(System.in);
8            for(i =0;i <5;i + +)
9            {
10               System.out.println("请输入第" + (i +1) + "位学生的成绩:");
11               score[i] =sc.nextInt();
12           }
13           while(j <5)
14           {
15               sum =sum +score[j];
16               j =j +1;
17           }
18           System.out.println("5 位同学的总成绩为:" +sum);
19       }
20   }
```

程序分析：

第 2 行：创建类 ScoreStatistics。

第 5 ~6 行：定义变量。

第 7 ~12 行：从键盘输入学生成绩。

第 13 ~17 行：计算 5 位学生成绩的总分。

3.4.2　运行

本程序首先创建含有 5 个元素的数组（a[0]、a[1]、a[2]、a[3]、a[4]），然后通过 Scanner 对象及 for 语句实现 5 个元素值（学生成绩）的输入，最后通过 while 语句实现 5 个学生成绩总和的计算。while 语句中的条件表达式 j<5（即元素的下标 j<5），在循环体中通过 sum = sum + score[j] 实现元素值的累加，通过 j = j + 1 实现元素下标的改变。

在 Console 中，输入 5 位学生成绩，并统计他们的成绩的总和，运行结果如图 3-13 所示。

```
Problems  @ Javadoc  Declaration  Console
&lt;terminated&gt; ScoreStatistics [Java Application] C:\Program Files\Java\
请输入第1位学生的成绩:
83
请输入第2位学生的成绩:
92
请输入第3位学生的成绩:
76
请输入第4位学生的成绩:
69
请输入第5位学生的成绩:
53
5位同学的总成绩为: 373
```

图 3-13　运行结果 - 总成绩

注意：在累加时 sum 的初始值必须为 0。

3.4.3 知识点分析

1. while 循环结构

执行过程如图 3-14 所示。格式如下：

```
while(条件表达式)
{
    语句组;
}
```

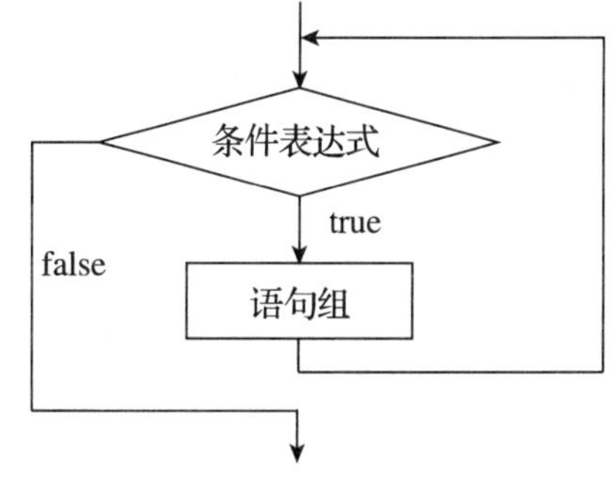

图 3-14　while 循环结构流程

while 循环语句的作用：先判断条件表达式是否为真，如果是真，则执行循环体语句组，执行完循环体语句组中的内容后再回到条件表达式，继续判断条件表达式。如果条件表达式为假，则跳出 while 语句。例如：

```
1   int sum =0;
2   int i =1;
3   while(i <5){
4       sum = sum + i;
5       i =i +1;
6   }
```

2. do-while 循环结构

执行过程如图 3-15 所示。格式如下：

```
do{
    语句组;
}while(条件表达式);
```

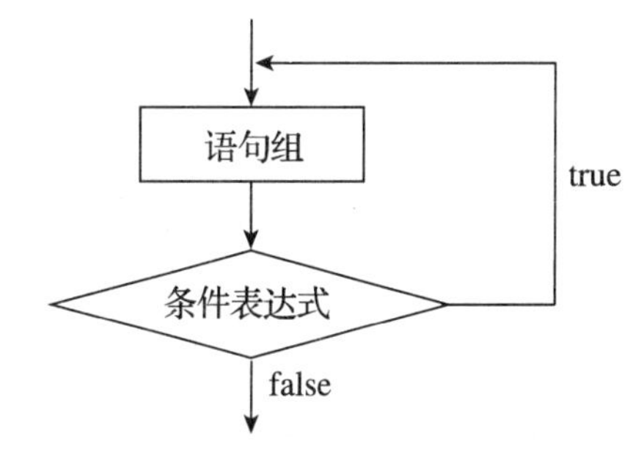

图 3-15　do-while 循环结构流程

do-while 循环语句的作用：先执行一次循环体语句组中的内容，然后再判断条件表达式是否为真，如果为真，则继续执行循环体语句组；如果条件表达式为假，则跳出 do-while 语句。例如：

```
1   int sum =0;
2   int i =1;
3   do{
4       sum = sum + i;
5       i =i +1;
6   }while(i <5);
```

注意： do-while 语句的条件表达式后面有分号，而 while 语句的条件表达式后面没有分号。

3. 增强型 for 循环结构

格式如下：

```
for(数据类型 变量:集合名)
```

增强型 for 循环结构的作用：实现对集合（包括数组或实现接口的类对象，如 ArrayList）元素的顺序访问。访问元素时不需要通过数组的下标即可访问集合中的所有元素。增强型 for 循环结构是 JDK 5.0 中新增的功能。例如：

```
1    int array[] = {14,25,33,44};      //定义整型数组 array
2    for(int i:array)                  //用增强 for 循环访问 array 的每一个元素
3        System.out.println(i);        //依次访问数组中每一个元素 i 的内容
```

4. 跳转语句

(1) break 语句

break 语句可以使程序从语句组内跳出。例如，break 语句可以实现从 switch 语句中的某个 case 分支中跳出，从而结束整个 switch 分支语句。break 一般用于 switch 分支语句和循环语句。

(2) continue 语句

continue 语句用于结束本次循环。例如，在 for 循环语句中，某次循环中的 continue 语句可以实现跳过本次循环内未执行的语句，直接修改循环表达式，并继续判断该表达式是否满足循环的条件，再根据条件表达式的真假决定是否继续循环。

(3) return 语句

格式如下：

```
return 表达式;
```

return 语句的作用：使流程从方法调用中返回。其中，表达式的结果就是调用该方法时得到的返回值，表达式的数据类型应该与该方法的返回类型保持一致。return 语句一般用于方法中，用法与 C 和C++语言类似。

3.5 任务5：学生成绩分析

【知识要点】多种控制语句的嵌套。

【典型案例】分析学生成绩，求出最高分。

3.5.1 详细设计

本程序实现通过键盘输入多位学生的成绩，分析这些学生成绩，求出其中的最高分，代码如下：

```
1    import java.util.Scanner;
2    public class ScoreAnalysis {
3        public static void main(String[] args) {
4            //TODO Auto-generated method stub
5            int i,max;
6            int score[] = new int [5];
7            Scanner sc = new Scanner(System.in);
8            for(i = 0;i < 5;i++)
9            {
10               System.out.println("请输入第" + (i + 1) + "位学生的成绩:");
11               score[i] = sc.nextInt();
12           }
13           max = score[0];
14           for(i = 1;i < 5;i++)
15           {
16               if(max < score[i])
17                   max = score[i];
18           }
```

```
19              System.out.println("5 位同学中成绩最高分是:" + max);
20          }
21      }
```

程序分析:

第2行：创建类 ScoreAnalysis。

第5~6行：定义变量。

第7~12行：从键盘输入5位学生的成绩。

第13~19行：通过 for 循环和 if 分支语句的嵌套，得到5位学生中的最高分。

3.5.2 运行

本程序首先创建含有5个元素的数组（a[0]、a[1]、a[2]、a[3]、a[4]），然后通过 Scanner 对象及 for 语句实现5个元素值（学生成绩）的输入，最后通过 for 语句与 if 语句的嵌套，实现5个元素中最大元素值的查找。为了判断输入的5个元素中哪个元素值最大，首先假设最大的元素值是第一个元素，即 max = a[0]，然后通过 for 循环，依次将其他元素与最大元素 max 进行比较，如果（if 语句实现）某个元素（score[i]）比暂定的最大元素 max 还要大，则将这个元素设定为最大元素，即 max = score[i]。

```
Problems  @ Javadoc  Declaration  Console
<terminated> ScoreAnalysis [Java Application] C:\Program Files\Java\
请输入第1位学生的成绩:
83
请输入第2位学生的成绩:
65
请输入第3位学生的成绩:
72
请输入第4位学生的成绩:
96
请输入第5位学生的成绩:
87
5位同学中成绩最高分是: 96
```

图3-16　运行结果－求最高分

在 Console 中，通过键盘输入5位学生的成绩，并求出其中的最高分，运行的结果如图3-16所示。

3.5.3 知识点分析

在编程过程中，程序开发人员可以根据需求，将顺序语句、条件分支语句和循环语句相互嵌套使用。例如，可以在分支语句中嵌套循环语句，在循环语句中嵌套循环语句，也可以在循环语句中嵌套分支语句，并在该分支语句中再嵌套循环语句等。任务5就是在循环语句中嵌套了分支语句。

本章小结

本章主要介绍了 Java 中的流程控制结构：顺序语句、分支语句和循环语句，以及语句跳转和语句嵌套等内容。

分支语句也被称为条件语句。在分支语句中，程序会因为具体条件的不同，而进行不同的处理操作。分支语句主要有 if 语句、if-else 语句、嵌套 if-else 语句、switch 语句。其中嵌套 if-else 语句和 switch 语句主要用于描述多分支情况。

循环语句是指在满足一定条件时，会反复执行某一段语句。循环语句包括 for 语句、while 语句、do-while 语句。其中，for 语句主要用于有确定循环次数的场合，do-while 语句至少执行一次循环体内容，而 for 语句和 while 语句有可能一次都不执行循环体内容。同时，循环语句中新增的增强型 for 循环语句可以实现在访问数组元素时不需要通过数组的下标，只需要访问数组名即可访问集合中的所有元素的功能。

在循环语句和分支语句中可以使用跳转语句（break、continue）来改变语句执行顺序。程序开发人员也可以根据实际需求，将分支语句和循环语句等嵌套使用，共同完成相应的程序功能。

第4章　类和对象

Java是一种面向对象程序设计（Object Oriented Programming，OOP）语言。面向对象程序设计借助于类和对象的概念，将现实世界中类和实体对象的概念与计算机程序中类和对象相联系，更好地实现了程序开发人员与计算机的“沟通”。本章将结合面向对象程序设计的思想，介绍包括类和对象的概念、类的定义、对象的初始化、构造方法等内容。

4.1　任务1：创建类Person和对象

【知识要点】
- 面向对象程序设计语言概述。
- 类和对象。
- 类的声明。
- 类的成员。

【典型案例】创建类Person和对象。

4.1.1　详细设计

本程序实现创建类Person，并创建属于该类的对象“张三”及“李四”，代码如下：

```
1    public class Person {
2        String name;
3        String sex;
4        int age;
5        void getInfo(String n,String s,int a)
6        {
7            name = n;
8            sex = s;
9            age = a;
10       }
11       void showInfo()
12       {
13           System.out.println("姓名:" + name);
14           System.out.println("性别:" + sex);
15           System.out.println("年龄:" + age);
16       }
17       public static void main(String[] args) {
18           //TODO Auto - generated method stub
19           Person zhang = new Person();
20           System.out.println("第一个人的信息");
21           zhang.name = "张三";
22           zhang.sex = "男";
23           zhang.age = 18;
24           System.out.println("姓名:" + zhang.name);
```

```
25          System.out.println("性别:" + zhang.sex);
26          System.out.println("年龄:" + zhang.age);
27          Person li = new Person();
28          System.out.println("第二个人的信息");
29          li.getInfo("李四","女",20);
30          li.showInfo();
31      }
32  }
```

程序分析：

第 1 行：创建类 Person。

第 2 ~4 行：定义类 Person 中的 3 个属性：name（姓名）、sex（性别）和 age（年龄）。

第 5 ~10 行：创建方法 getInfo()，获取类 Person 中 3 个属性的值。

第 11 ~16 行：创建方法 showInfo()，显示类 Person 中 3 个属性的值。

第 19 ~30 行：创建对象并调用对象所属的类中创建的属性和方法。

4.1.2 运行

本程序定义一个类 Person，在该类中包含 name（姓名）、sex（性别）和 age（年龄）3 个属性以及 getInfo()、showInfo()两个方法。方法 getInfo()实现类 Person 中定义的 3 个属性的值的获取，方法 showInfo()实现类 Person 中定义的 3 个属性的值的显示。同时，定义属于类 Person 的对象 zhang，通过调用类的属性 zhang. name、zhang. sex、zhang. age 实现对象属性值的设置；定义属于类 Person 的对象 li，通过调用方法 li. getInfo()、li. showInfo()实现对象 li 的属性值获取和显示。

以上代码在根据提示输入对象的相关信息之后，其运行结果如图 4-1 所示。

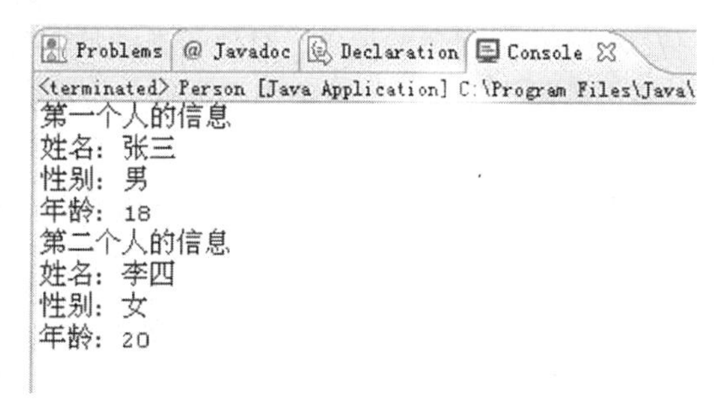

图 4-1　运行结果

4.1.3 知识点分析

1. 面向对象程序设计语言概述

Java 是一种典型的面向对象程序设计语言。面向对象程序设计语言以类和对象的概念为基础，将客观世界中的类和对象“映射”到计算机中，实现现实生活中的类和对象与计算机语言中的类和对象之间的联系。这种联系很好地反映了模拟世界和现实世界之间的关系。同时，面向对象程序设计语言通过类和对象的概念，充分体现了程序的模块化、可重用性、可扩展性和灵活性等特点。

2. 类和对象

作为一种面向对象程序设计语言，Java 将类和对象作为其核心内容。

对象是指现实世界中存在的任何一个实体，如一个人、一本书、一台计算机都可以作为一个对象。每一个对象都有属于自己的静态属性和行为操作。以一个名叫张三的学生为例，这个学生可以作为一个对象，“张三”（对象）有学号（118001）、姓名（张三）、性别（男）、年龄（20 岁）等属性。“张三”可以进行输入个人信息的动作，如可以有选修“Java 设计与实践”课程的动作。从上述的简单描述中可以看出，对象的状态可以分为属性特征和行为动作两部分，其中属性特征描绘的是对象的静态特点，行为方法描述了对象可以执行的操作。因此，在 Java 中可以用整型变量表示学号，用字符串型变量表示姓名等属性，用 showInfo( )、chooseCourse( )等方法表示显示信息、选修课程等行为动作。

类是 Java 面向对象程序设计中的另一个重要概念，它是对一组具有相同属性和行为的对象的抽象描述。一般用变量来表示类的静态特征，用方法来表示类的行为特征。例如，一个叫“张三”的学生可以是一个对象，一个叫“李四”的学生也可以作为一个对象，这些学生对象有共同的特点，如他们都有学号、姓名、性别、年龄等属性，都可以进行个人信息输入、选择课程等行为操作。因此，将这些具有共同属性和行为的学生对象抽象之后可以定义一个学生类（Student），这个类泛指所有的学生。从图 4-2 中可以看出，Student 类中用变量 name、sex、age 等分别表示姓名、性别和年龄等静态属性，用 showInfo( )、chooseCourse( )等方法显示学生信息、选修课程等动态行为。而对象“张三”是类 Student 的一个具体实例，它具有的特征有姓名（name = "张三"）、性别（sex = "男"）、年龄（age = 20）等。由此可见，在 Java 中类是对象的抽象，对象是类的具体实例。开发人员在编写程序时可以把类理解为一个特殊的数据类型，而把对象理解为这个特殊数据类型所对应的一个具体“值”。

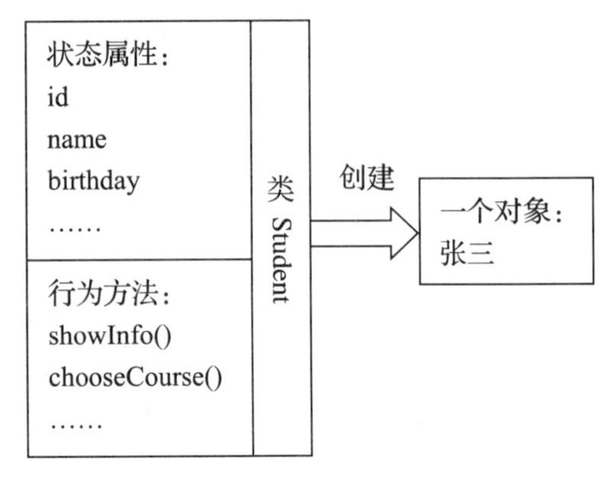

图 4-2　类和对象的关系

3. 类的声明

类是面向对象程序设计语言的基础之一。类的声明格式如下：

```
[修饰符]class 类名 [extends 父类][implements 接口名 1,…,接口名 n]
{
    类的成员
}
```

类的定义由两大部分组成：类的头部和类的内容体。类内容体是用“{ }”括起的部分，而其余部分是类的头部，用于规定类的一些基本性质。其中“[ ]”里面的内容表示可省略。

修饰符可以分为访问控制符（如 public）和非访问性质控制符（如 final、static、abstract）。访问控制符用来定义类的访问权限，即能否被其他类调用。非访问控制符用于限定类的一些性质。例如，用修饰符 public 定义一个能被其他类访问的公共类，final 可以定义一个最终类，abstract 可以定义一个抽象类。

注意：一些关键字是不能同时修饰同一个类的，如 final 和 abstract 不能同时修饰某个类。

class 表示定义一个类。class 后的类名必须符合标识符的命名规则。类名可以由一个或多个英文单词构成，例如：

```
class Student
```

extends 表示类的继承关系。说明定义的类是某个指定父类的子类。例如：

```
class CollegeStudent extends Student
```

表示子类 CollegeStudent 继承于父类 Student。

implements 表示定义接口表，在该接口表中可以有一个或多个接口，因此某个类可以实现一个或多个接口。

类的内容体中包含类的具体属性（变量）和方法。例如，定义一个 Student 公共类：

```
public class Student{                                     //定义一个 Student 公共类
    //定义成员变量
    private String name;                                  //定义姓名属性
    private String sex;                                   //定义性别
    private int age;                                      //定义年龄
    private String courseName[];                          //定义课程名
    …
    //定义成员方法;
    public Student(int studentId,String studentName,Date studentBirthday,…){
    …}                                                    //定义学生信息
    public showInfor(){                                   //定义显示学生信息
    …}
    public void chooseCourse(String[] cname){ //定义选修课程方法
    …}
    …
}
```

4. 类的成员

类的成员包括类的成员变量（属性）和成员方法。类的成员变量表示类的静态属性，类的成员方法表示类的动态操作。

（1）成员变量的定义

```
[访问控制符][static][final][transient][volatile] 数据类型 变量名;
```

“[ ]”表示里面的内容可以省略，成员变量的访问控制符包括了 public、private、protected 等关键字。static、final、transient 和 volatile 是非访问控制符，用于定义类中成员变量的性质。例如，static 说明成员变量是静态数据，final 说明被修饰的成员变量是常量。

成员变量中的数据类型既可以是基本数据类型，也可以是 Java 提供的类，如定义的类 Student。

成员变量名在命名时必须符合标识符的命名规则。成员变量名也可以由一个或多个单词构成，如成员变量名 studentName。

成员变量名在定义的同时可以进行初始化，即定义变量名的同时给变量赋初始值。如果在定义变量的同时没有赋初始值，一般系统也会根据数据类型的不同自动为成员变量赋一个初始值。如果成员变量的数据类型是一个类，则可以通过操作符 new 创建一个对象，并对对象赋值。

（2）成员方法的定义

```
[访问控制符][static][final][abstract][native][synchronized]返回值数据类型 方法名([参数表]) [throws 异常名表]
{
    方法体
}
```

类的成员方法分成方法头部和方法体。方法体中描述了方法的具体行为操作，其余部分都是方法的头部。

在定义方法时，成员方法的访问控制符有 public、private 和 protected，访问控制符可以确定该方法能否被其他类进行访问；其他非访问控制符有 static、final、abstract、native、synchronized 等，这些非访问控制符决定了成员方法的特性。例如，final 关键字说明成员方法是一个最终方法，这个方法不能被修改。

返回值数据类型要求与方法体中 return 语句后面表达式的数据类型保持一致，如果没有 return 语句，则表示返回值数据类型为 void 型。返回值数据类型可以是基本数据类型，也可以是自定义类型。

方法名的命名也必须符合标识符命名规则。一个方法名可以由多个单词构成，如方法名 chooseCourse。

在方法体中，可以定义变量，这个变量的作用范围为定义该变量的方法。

【例 4-1】 定义一个圆形类，实现圆面积的计算。

```
1    public class Circle{
2        float radius;
3        public Circle(float cir_radius){
4            radius = cir_radius;
5        }
6        public float getArea(){
7            return 3.14 * radius * radius;        //返回面积
8        }
9        public static void main(String args[]){
10           Circle circle = new Circle(3);        //定义一个半径为 3 的 circle 对象
11           System.out.println("半径为 3 的圆面积为:" + circle.getArea());  //求面积
12       }
13   }
```

程序说明：

第 1 行：创建类 Circle。

第 2 行：定义半径变量 radius。

第 3 ~ 5 行：定义构造方法 Circle()，参数为 cir_ radius。

第 6 ~ 8 行：定义计算面积的方法 getArea()。

第 10 行：创建属于 Circle 类的对象 circle。

第 11 行：根据半径计算面积，并输出。

4.2　任务 2：创建类 Student 和对象

【知识要点】
- 对象。
- 构造方法。
- 默认构造方法。
- 重载构造方法。
- this 关键词。
- finalize 方法。

【典型例题】创建类 Student 和对象。

4.2.1 详细设计

本程序实现创建类 Student，并创建属于该类的对象“张三”及“王五”，代码如下：

```
1    public class Student {
2        String name;
3        String sex;
4        int age;
5        public Student(){};
6        public Student(String n,String s,int a)
7        {
8            name = n;
9            sex = s;
10           age = a;
11       }
12       void getInfo(String n,String s,int a)
13       {
14           name = n;
15           sex = s;
16           age = a;
17       }
18       void showInfo()
19       {
20           System.out.println("姓名:" + name);
21           System.out.println("性别:" + sex);
22           System.out.println("年龄:" + age);
23       }
24       public static void main(String[] args) {
25           //TODO Auto - generated method stub
26           Student stu1;
27           stu1 = new Student();
28           System.out.println("第一个人的信息");
29           stu1.getInfo("张三","男",18);
30           stu1.showInfo();
31           System.out.println("第二个人的信息");
32           Student stu2 = new Student("王五","男",22);
33           stu2.showInfo();
34       }
35   }
```

程序分析：

第 1 行：创建类 Student。

第 2 ~ 4 行：数据类型的定义。

第 5 行：定义无参构造方法。

第 6 ~ 11 行：定义有参构造方法，参数为 String n、String s、int a。

第 12 ~ 17 行：定义方法 getInfo()，获取学生基本信息。

第 18 ~ 23 行：定义方法 showInfo()，显示学生信息。

第 26 行：定义属于类 Student 的对象 stu1。
第 27 行：实例化对象 stu1。
第 29 行：调用方法 getInfo( )，获取 stu1 的学生信息。
第 30 行：调用方法 showInfo( )，输出 stu1 的学生信息。
第 32 行：定义和实例化对象 stu2，并初始化 stu2 的学生信息。
第 33 行：调用方法 showInfo( )，输出 stu2 的学生信息。

4.2.2　运行

本程序定义一个类 Student，在该类中包含 name（姓名）、sex（性别）和 age（年龄）3 个属性，getInfo( )、showInfo( ) 两个方法，以及构造方法 Student( )，在该方法中实现了学生信息的获取。同时创建了属于类 Student 的对象 stu1 和 stu2，对象 stu1 通过调用方法 getInfo( )、showInfo( ) 实现对象属性值获取和显示，对象 stu2 通过在创建对象时调用构造方法 Student stu2 = new Student(" 王五"," 男",22)，实现信息的获取。

以上代码的运行结果如图 4-3 所示。

```
Problems  @ Javadoc  Declaration  Console
<terminated> PersonCon [Java Application] C:\Program Files\Java\
第一个人的信息
姓名：张三
性别：男
年龄：18
第二个人的信息
姓名：王五
性别：男
年龄：22
```

图 4-3　运行结果

4.2.3　知识点分析

1. 对象

类是对一组具有相同属性和方法的对象的抽象描述，对象是类的具体实现。程序开发人员也可以将类看成一个特殊的数据类型，而将对象看作该特殊数据类型的一个具体“值”。在对对象进行实际操作时，可以分成两个步骤：1）声明对象变量；2）实例化对象。

1）声明对象变量。声明对象时，需要限定了对象变量属于哪个类，具体形式如下：

```
类名 对象名[,对象名1,…]
```

如果要声明一个类 Student 的对象变量 stu，可以表示成：

```
Student stu;
```

2）实例化对象。实例化对象实际上就是通过 new 操作符创建一个对象，并在内存中为创建的对象开辟一个空间。具体形式如下：

```
对象名 = new 类名([实参表]);
```

例如，实例化上述已声明的 stu 对象，可以表示为：

```
stu = new Student() ;
```

在实例化对象过程中，可以通过 new 操作符调用不同的构造方法，实现对对象的不同初始化工作。例如，初始化上述已声明的 stu 对象，可以表示为：

```
stu = new Student("王五","男",22);
```

很多时候往往将以上两个步骤合并，形如：

```
类名 对象名 = new 类名([实参表]);
```

例如：

```
Student stu = new Student("王五","男",22)
```

2. 构造方法

构造方法是一种用于对象初始化的特殊方法。构造方法的方法名与类名相同，并且没有返回类型。构造方法可以带参数，也可以不带参数。例如，类 Student 的构造方法如下：

```
public Student(){…}
public Student(String n,String s,int a){…}
```

构造方法的特点如下：

1）final、static、abstract、native 和 synchronize 等非访问控制符不能用于修饰构造方法。

2）构造方法可以通过 new 操作符来调用，它不像其他方法那样需要通过对象来调用。

3）一个类中可以定义多个带有不同参数的构造方法，这种情况称为重载构造方法。通过构造方法的重载，可以实现对象的不同初始化。

4）构造方法一般由用户自己定义，如果用户没有定义，则系统会自动提供一个默认无参构造方法。

3. 默认构造方法

如果程序开发人员没有自定义的构造方法，则系统会自动定义一个默认构造方法。当程序代码中通过 new 操作符调用无参构造方法时，实际上调用的就是这个类的默认构造方法。如果存在继承关系，在初始化子类的对象时，如果子类没有自定义的构造方法，则调用的是其父类的无参构造方法。

【例 4-2】 默认构造方法的应用。

```
1    public class ConstructorExample{
6        public void showMessage(String str){
7            System.out.println(str);
8        }
9        public static void main(String args[]){
10           ConstructorExample ce = new ConstructorExample();
11           ce.showMessage("默认构造方法示例");
12       }
13   }
```

以上代码的运行结果如图 4-4 所示。

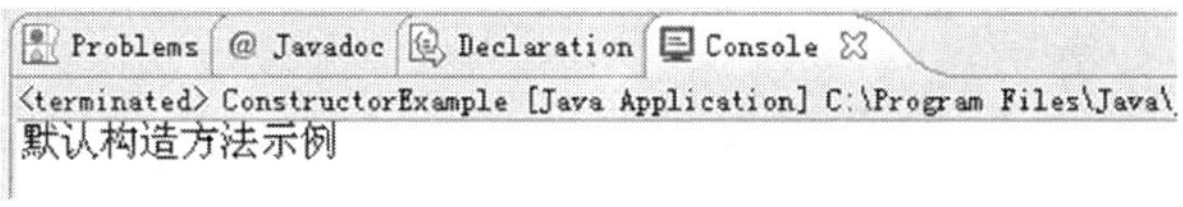

```
Problems  @ Javadoc  Declaration  Console
<terminated> ConstructorExample [Java Application] C:\Program Files\Java\
默认构造方法示例
```

图 4-4　默认构造方法示例运行结果

4. 重载构造方法

重载构造方法是指在同一个类中定义具有不同参数的构造方法。这些构造方法的参数类型和参数的个数均不相同。通过重载构造方法，可以使得对象在不同条件下具有不同的初始值。以学生为例，创建一个学生对象，既可以根据学生的学号确定一个学生，也可以通过学生的姓名、性别等确定一个学生对象。根据这些情况，可以定义如下的学生类 Student 的构造方法。

【例 4-3】重载构造方法的应用。

```
1   public class Student {
2       String name;
3       String sex;
4       int age;
5       public Student()
6       {
7           name = "张三";
8           sex = "男";
9           age =18;
10      }
11      public Student(String n,String s)
12      {
13          name =n;
14          sex =s;
15      }
16      public Student(String n,String s,int a)
17      {
18          name =n;
19          sex =s;
20          age =a;
21      }
22      void showInfo()
23      {
24          System.out.println("姓名:" +name);
25          System.out.println("性别:" +sex);
26          System.out.println("年龄:" +age);
27      }
28      public static void main(String[] args) {
29          //TODO Auto -generated method stub
30          Student stu1 =new Student();
31          System.out.println("第一个人的信息");
32          stu1.showInfo();
33          System.out.println("第二个人的信息");
34          PersonCon stu2 =new PersonCon("李四","女");
35          stu2.age =20;
36          stu2.showInfo();
37          Student stu3 =new Student("王五","男",22);
38          stem.out.println("第三个人的信息");
39          stu3.showInfo();
40      }
41  }
```

程序说明：

第 5 ~ 10 行：定义无参构造方法。

第 11 ~ 15 行：定义有参构造方法，参数为 String n、String s。

第 16 ~ 21 行：定义有参构造方法，参数为 String n、String s、int a。

第 30 行：定义对象 stu1，调用无参构造方法进行初始化。

第 34 行：定义对象 stu2，调用带有两个参数的构造方法进行初始化。

第 37 行：定义对象 stu3，调用带有 3 个参数的构造方法进行初始化。

以上代码的运行结果如图 4-5 所示。

```
Problems  @ Javadoc  Declaration  Console
<terminated> PersonCon [Java Application] C:\Program Files\Java\
第一个人的信息
姓名：张三
性别：男
年龄：18
第二个人的信息
姓名：李四
性别：女
年龄：20
第三个人的信息
姓名：王五
性别：男
年龄：22
```

图 4-5　运行结果

利用重载构造方法进行对象创建时，系统会按照实际参数来调用相应的构造方法。在例 4-3 中，对象 stu1 调用无参的构成方法、stu2 调用有两个参数的构造方法、stu3 调用有 3 个参数的构造方法。通过调用不同的构造方法，可以实现对象的不同初始化。

注意： 重载构造方法时，如果参数个数、参数类型相同，只是参数名不同，则不作为构造方法的重载。例如：

```
Student(String name);
Student(String studentID);
```

以上两个构造方法中，虽然形参名称分别是 name 和 studentID，但是形参的个数和数据类型相同，因此编译器编译时会认为这两个构造方法是同一个构造方法，从而产生编译错误。可以将构造方法做如下修改：

```
Student(String name);
Student(int studentID);
```

虽然形参的个数相同，但是形参的数据类型不同，因此它们将被编译器识别为两个不同的构造方法，实现重载构造方法。

5. this 关键字

在一个对象中封装了成员变量和成员方法。有时希望在类内部的方法中访问类中的其他方法或修改类的成员变量，这时候可以通过 this 关键字来表示引用当前类的成员方法和成员变量。

【例 4-4】 this 关键字的应用。

```
1    public class Student{
2        String name;
3        String sex;
4        int age;
5        public Student(String name,String sex,int age)
6        {
7            this.name = name;
8            this.sex = sex;
9            this.age = age;
10       }
11       void showInfo()
```

```
12          {
13              System.out.println("姓名:"+name);
14              System.out.println("性别:"+sex);
15              System.out.println("年龄:"+age);
16          }
17          public static void main(String[] args) {
18              Student stu =new Student("李四","女",20);
19              System.out.println("学生的信息");
20              stu.showInfo();
21          }
22      }
```

程序说明:

第7~9行：通过 this 关键字来表示当前成员变量的引用。

以上代码的运行结果如图 4-6 所示。

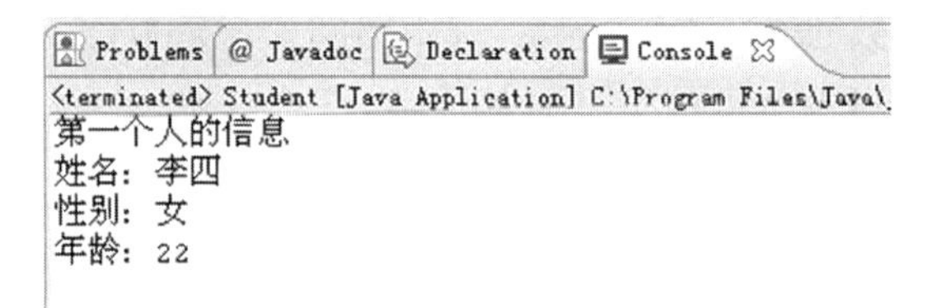

图 4-6　运行结果

从以上代码中可以发现，程序中的 this. name = name 表示将形参 name 的值赋予类中定义的成员变量 name。在编写程序的过程中，有时可以将 this 关键字省略。但是，在以上代码中形参名和成员变量的名称一致时，需要用 this 关键字来表示类的成员变量的引用，以便和方法中的形参进行区分。

在一个类中往往需要定义多个构造方法。由于定义的多个构造方法中部分信息处理相同，因此为了避免代码的重复，可以用 this 关键字实现在一个构造方法中调用另一个构造方法。这种在构造方法内通过 this 关键字调用其他构造方法的特殊情况被称为显式构造方法激活。

6. *方法* finalize()

对象的清除表示了对象生命周期的结束。Java 通过垃圾回收机制实现了对象的清除，可以释放无用对象占据的内存空间。当通过垃圾回收机制判定一个对象没有使用时，垃圾收集器会调用对象的方法 finalize()来实现对象的清除。

方法 finalize()用于系统资源的释放或执行清除工作，在垃圾回收器清除对象之前被调用，这也是 Java 的默认清除机制。程序开发人员在创建新的类时，可以通过重写方法 finalize()（方法重写）来实现自定义清除方式。同时，方法 finalize()也可用于释放内存之外的引用资源。

【例 4-5】 方法 finalize()的应用。

```
1    public class FinalizerExample{
2        public FinalizerExample(){
3            System.out.println("Finalizer 的构造方法");
4        }
5        protected void showMessage(){
6            System.out.println("输出信息:Finalizer 方法示例");
7        }
8        protected void finalize(){
9            System.out.println("调用 Finalizer 方法");
10       }
```

```
11        public static void main(String args[]){
12            FinalizerExample fe = new FinalizerExample();
13            fe.showMessage();
14        }
15    }
```

程序说明：

第 2 ~4 行：定义构造方法 FinalizerExample()。

第 5 ~7 行：定义受保护方法 FinalizerExample()。

第 8 ~10 行：定义方法 finalize()释放资源。

以上代码的运行结果如图 4-7 所示。

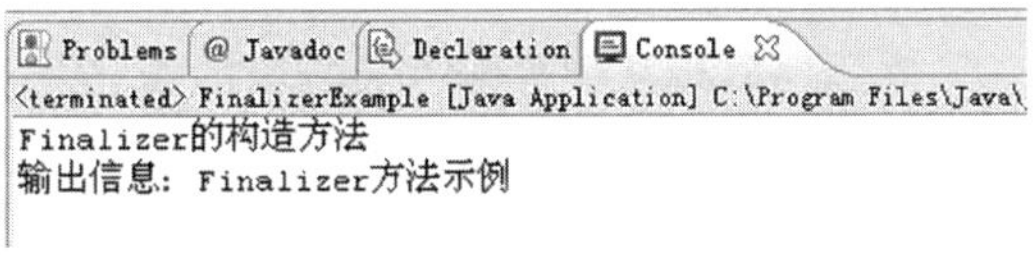

```
Problems | @ Javadoc | Declaration | Console
<terminated> FinalizerExample [Java Application] C:\Program Files\Java\
Finalizer的构造方法
输出信息: Finalizer方法示例
```

图 4-7　运行结果

从运行结果中可以看出，虽然对象 fe 的内存空间释放了，但是它的方法 finalize()并没有执行。有时为了达到一些特定的目的，需要强制执行对象的方法 finalize()，此时可以通过调用方法 runFinalizersOnExit(true)来实现方法 finalize()的强制调用。将以上程序修改成如下形式：

```
1    public class FinalizerExample{
2        public FinalizerExample(){
3            System.out.println("Finalizer 的构造方法");
4        }
5        protected void showMessage(){
6            System.out.println("输出信息:Finalizer 方法示例");
7        }
8        protected void finalize(){
9            System.out.println("调用 Finalizer 方法");
10       }
11       public static void main(String args[]){
12           FinalizerExample fe = new FinalizerExample();
13           fe.showMessage();
14           Runtime.runFinalizersOnExit(true);
15       }
16   }
```

以上代码的运行结果如图 4-8 所示。

```
Problems | @ Javadoc | Declaration | Console
<terminated> FinalizerExample [Java Application] C:\Program Files\Java\
Finalizer的构造方法
输出信息: Finalizer方法示例
调用Finalizer方法
```

图 4-8　finalize()方法强制执行的运行结果

注意：与构造方法的情况类似，如果没有自定义方法 finalize()，则子类将继承父类的方法 finalize()。

4.3　任务3：计算长方形的面积

【知识要点】
- 类的访问控制。
- 类成员的访问控制。
- 静态类成员（非访问控制符）。
- final 类和 final 类成员（非访问控制符）。
- 嵌套类。

【典型例题】通过长方形的长和宽计算长方形的面积。

4.3.1　详细设计

本程序实现从键盘输入长方形的长和宽，并计算长方形的面积，代码如下：

1）在包 default package 中的 Rectangle. java 文件中定义 Rectangle 类：

```
1    public class Rectangle {
2        public int length;
3        public int width;
4        int getArea(){
5            int area;
6            area = length * width;
7            return area;
8        }
9    }
```

程序分析：

第 1 行：创建公共类 Rectangle。

第 2 ~3 行：定义公共成员变量 length 和 width。

第 4 ~8 行：定义默认（包私有）方法 getArea()。

2）在包 default package 中的 RectangleTest. java 文件中定义 RectangleTest 类：

```
1    import java.util.Scanner;
2    public class RectangleTest{
3        public static void main(String args[]){
4            int perimeter,area;
5            Rectangle rectangle = new Rectangle();
6            Scanner sc = new Scanner(System.in);
7            System.out.println("请输入长方形的长:");
8            rectangle.length = sc.nextInt();
9            System.out.println("请输入长方形的宽:");
10           rectangle.width = sc.nextInt();
11           area = rectangle.getArea();
12           perimeter =2 * (rectangle.length + rectangle.width);
13           System.out.println("长方形的面积:area = length * width = " + area);
14           System.out.println("长方形的周长:perimeter =2 * (length + width) = "
+ perimeter);
15       }
16   }
```

程序分析：

第1行：引入类 java. util. Scanner。

第2行：定义公共类 RectangleTest。

第4行：定义变量。

第5行：创建属于公共类 Rectangle 的对象。

第6~10行：从键盘输入长方形的长 length 和宽 width。

第11行：引用公共类 Rectangle 中的私有方法 getArea()。

第12行：引用公共类 Rectangle 中的公共变量 length 和 width，计算长方形的周长。

4.3.2 运行

本程序在同一个包 default package 中定义了 Rectangle. java 和 RectangleTest. java 两个文件。在文件 Rectangle. java 中定义了公共类 Rectangle 和公有变量 length、width，以及默认方法 getArea()。在文件 RectangleTest. java 中定义了公共类 RectangleTest，由于类 Rectangle 是一个公共类，所以可以在类 RectangleTest 中创建类 Rectangle 的对象，并且调用其中的公共变量 length 和 width。虽然 getArea() 是一个默认方法，但是由于类 RectangleTest 和类 Rectangle 在同一个包中，所以在类 RectangleTest 中可以调用类 Rectangle 的默认方法。

以上代码的运行结果如图 4-9 所示。

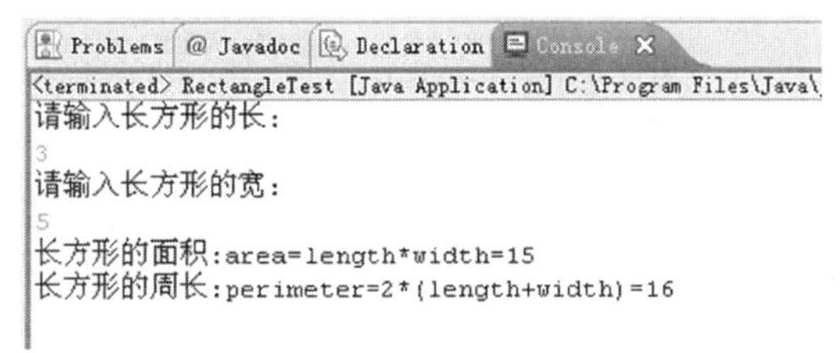

图 4-9　运行结果

4.3.3 知识点分析

1. 类的访问控制

类的访问控制符定义了类的访问权限，即本类能否被其他类访问。类的访问方式有两种，一种是由 public 关键字说明的公共访问方式；另一种是没有访问控制符修饰的默认访问方式，也称为包私有（package-private）访问方式。

用关键字 public 修饰的类称为公共类，它能被所有其他的类进行访问和引用，如任务 3 中公共类 Rectangle 能被类 RectangleTest 访问。Java 中提供了大量的公共类，如在前面用到的 java. util. Scanner 等都是公共类。公共类可处于不同的包，如类 Scanner 处于 java. util 包，类 JOptionPane 处于 java. swing 包。对于处于不同包中的公共类，可以通过 import 先导入包名，然后引用包中的公共类。例如：

```
import java.util.*;                          //导入 java.util 包
public class Student{                        //定义类 Student
    private String name;                     //定义姓名
    private String courseName[];             //定义课程名
    …
    public Student(int studentId,String studentName,Date studentBirthday,…){
    …}
    public showInfo(){                       //定义显示信息方法
    …}
    public void chooseCourse(String[] cname){//定义选修课程方法
    …}
}
```

在以上代码中，类 Student 是一个公共类，可以为其他类进行访问和引用，同时在程序中还引入了 java. util 包，因此类 Student 可以引用 java. util 包中的公共类。

采用默认访问方式（包私有访问方式）修饰的类称为私有类，它只允许本包内的类进行访问，而无法被包外的类进行访问。对于包私有类，即使通过 import 关键字导入类所在的包也无法访问。访问控制示例如图 4-10 所示。

在图 4-10 的 Example1 包中定义了 A 和 B 两个类。其中，类 A 是公共类，类 B 是默认的包私有类。公共类 A 可以被所有的类进行访问，无论这个类与类 A 是否处于同一个包。因此，图 4-10 中的类 B 和类 C 均可以访问和引用类 A。只是和类 A 不处于同一个包中的类 C（类 C 处于 Example2 包中）在访问类 A 之前，需要导入类 A 所在的包 Example1。包私有类 B 只能被同一个包中的其他类访问，因此图 4-10 中的类 B 只被类 A 访问，而不能被 Example2 包中的类 C 访问。如果类 C 强行引用类 B，则会导致编译错误。

Example1 包

```
package Example1;
public class A{
    public A(){}
    public void testA(){
        System.out.print("A");
    }
}
```

```
package Example1;
class B{
    A ab=new A();//正确
    public B(){}
    public void testB(){
        ab.testA();
        System.out.print("B");
    }
}
```

Example2 包

```
package Example2;
import Example1.*;
public class C{
    A a=new A();//正确
    B b=new B()//发生编译错误
    public void test(){
        a.testA();
    }
}
```

图 4-10　类控制访问示例

2. 类的成员访问控制

类的成员访问控制方式有 public（公共访问方式）、private（私有访问方式）、protected（保护访问方式），以及没有任何修饰符的默认访问方式 package-private（包私有）。类成员的访问控制方式确定了其他类是否可以对该类的成员变量和成员方法进行访问。

（1）public

用 public 修饰的成员变量或成员方法称为公有的成员变量或公共的成员方法，这些公有成员能被所有的其他类进行访问。

在任务 3 中，类 Rectangle 中定义了公共成员变量 length 和 width，所以在类 Rectangle 和类 RectangleTest 中以直接引用 rectangle. length 和 rectangle. width 成员变量。

（2）private

用关键字 private 修饰的成员变量称为私有变量。私有变量只能被定义它的类直接访问，而不能被其他类和其他类的对象直接访问。如果在设计类时将成员变量定义为私有成员，则这个私有成员变量的变化不会影响到其他类，因此这种方式有效地实现了数据的封装。如将任务 3 中类 Rectangle 进行修改，将成员变量的长和宽（length 和 width）设定为私有变量，代码如下：

```
1   //Rectangle.java 文件
2   public class Rectangle{
3       private int length;                    //定义长度,私有变量
4       private int width;                     //定义宽度,私有变量
5       int getArea(){
6           return length * width;
```

```
 7        }
 8     }
 9     //RectangleTest.java 文件
10     public class RectangleTest{                          //定义测试类 RectangleTest
11         public static void main(String args[]){
12             int perimeter,area;
13             Rectangle rectangle = new Rectangle();
14             Scanner sc = new Scanner(System.in);
15             System.out.println("请输入长方形的长:");
16             rectangle.length = sc.nextInt();         //编译错误
17             System.out.println("请输入长方形的宽:");
18             rectangle.width = sc.nextInt();          //编译错误
19             area = rectangle.getArea();
20             perimeter =2 * (rectangle.length + rectangle.width);     //编译错误
21             System.out.println("长方形的面积:area = length * width = " + area);
22             System.out.println("长方形的周长:perimeter =2 * (length + width) = "
+perimeter);
23         }
24     }
```

此时，测试类 RectangleTest 会出现编译错误，因为类 Rectangle 的长（length）和宽（width）被定义为私有成员变量，它们只对类 Rectangle 有效，其他类如 RectangleTest 不能直接访问 length 和 width。

（3）protected

关键字 protected 是保护访问控制符。受保护成员可以被定义它的类和对象访问，同时也可以被继承于它的子类和对象进行访问，但是不能被其他类（和定义受保护成员的类没有继承关系的类）和对象进行访问，如图 4-11 所示。

```
package P;
public class Parent{
    private int childNumber;
    public Parent(int _childNumber){
        childNumber=_childNumber;
    }
    protected void testP(){    //定义protected方法
        System.out.println("Parent");
    }
}
```

```
package C;
import P.*;
public class Children extends Parent{
    public Children(){}
    public void testC(){
        testP();    //正确
    }
}
```

图 4-11　protected 成员的示例

（4）默认访问方式 package-private

类成员前面没有任何访问控制符时，访问方式为默认访问方式。默认访问方式也称为包私有访问方式。对于采用默认访问方式的类成员，它们可以被同一个包内的类和对象进行访问，而不能被不同包中的类和对象进行访问。如任务 3 中，类 Rectangle 中的包私有方法 getArea()可以被同一包中的类 RectangleTest 访问。

【例 4-6】 私有包访问方式的应用。

```
1   //在 A.java 文件中
2   package P1;
3   public class A{                    //在包 P1 中定义类 A
4       public A(){ }                  //公共成员方法
5       void testA(){                  //包私有成员方法
6           System.out.println("Test A");
7       }
8   }
9   //在 B.java 文件中
10  package P1;
11  public class B{                    //也在包 P1 中定义类 B
12      A a =new A();
13      public B(){ }
14      void testB(){
15      a.testA();                     //可以引用同一个包中类 A 的私有方法
16      System.out.println("Test B");
17      }
18  }
```

程序说明：

第 1 行：解释语句，说明在 A. Java 文件中。

第 2 行：定义包 P1。

第 3 行：创建类 A。

第 4 行：定义构造方法 A( )。

第 5 ~7 行：定义具有默认访问方式的方法 testA( )。

第 9 行：解释语句，说明在 B. Java 文件中。

第 10 行：定义包 P1。

第 11 行：创建类 B。

第 12 行：创建属于类 A 的对象 a。

第 13 行：定义构造方法 B( )。

第 14 ~17 行：定义具有默认访问方式的方法 testB( )，在该方法中调用对象 a 的方法 testA( )。

在以上代码中，类 A 和类 B 定义在同一个包 P1 中，因此类 B 可以访问类 A 的默认访问成员方法 testA( )。如果在另一个包 P2 中定义一个类 C，代码如下：

```
1   package P2;
2   import P1.*;
3   public class C{                    //在包 P2 中定义类 C
4       A a =new A();
5       public C(){ }
6       void testC(){
7           a.testA();                 //错误,不能引用其他包中类的私有方法
8           System.out.println("Test C");
9       }
10  }
```

由于类 C 在包 P2 中，所以类 C 无法访问不同包中类 A（类 A 在包 P1 中）的私有方法 testA()。如果强行引用，则将发生编译错误。

3. 类静态成员

类的成员可以用关键字 static 修饰。用 static 关键字修饰类的成员变量称为静态成员变量，用 static 关键字修饰类的成员方法称为静态成员方法。

由 static 关键字修饰的静态成员属于类而不属于类的对象，同时这些静态成员对于所有的对象而言是共享的。因此，在访问这些静态成员时，可以直接用类名进行访问，即“类名.静态成员”，如 Student. name（Student 为类名，name 为静态成员变量）。类的静态成员也可以通过创建对象来访问，即“对象名.成员”，如 zhangsan. chooseCourse()（zhangsan 为对象名，age 为静态成员方法）。

【例 4-7】 类的静态成员的应用。

```
1   public class StaticMember{
2       static int i =0;
3       public static void showMessage(){
4           i =i +1;
5           System.out.println("访问次数:" +i +" 次");
6       }
7       public static void main(String args[]){
8           StaticMember.showMessage();
9           StaticMember sm1 =new StaticMember();
10          sm1.showMessage();
11      }
12  }
```

程序说明：

第 1 行：创建类 StaticMember。

第 2 行：定义静态变量 i。

第 3 ~5 行：定义静态方法 showMessage()。

第 8 行：通过类名直接访问静态方法 showMessage()。

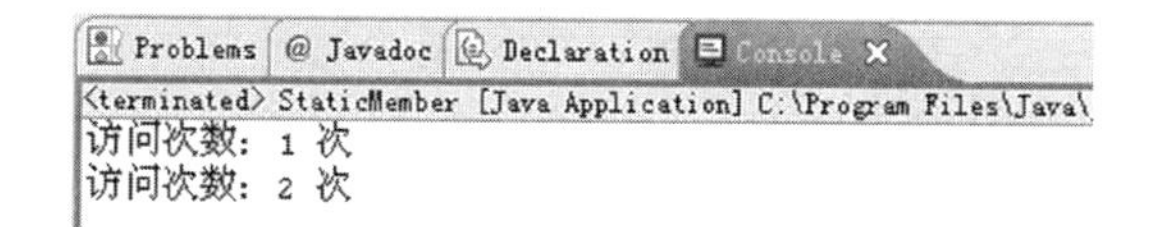

图 4-12　运行结果

第 9 ~10 行：通过对象名访问静态方法 showMessage()。

4. final 类和 final 类成员

用关键字 final 修饰的类称为最终类（final 类）。如果一个类被定义为最终类，则表示这个类不能被继承，它没有子类。之所以要定义最终类，一方面是基于安全的考虑，定义某个类为最终类，其他开发人员就不能通过继承的方式来创建一个它的子类，从而使得该类无法被替代；另一方面从类的完备性考虑，如果某个类已经是非常完美，不需要再产生任何子类时，也可以定义该类为 final 类。

关键字 final 也可以修饰类成员。如果用 final 修饰类成员变量，则该变量表示一个无法被更改的变量，即常量。例如：

```
final int PI =3.14
```

此时 PI 表示常量 3.14。

【例 4-8】final 类的应用。

```
1    public final class FinalClass{   //定义一个最终类 FinalClass,不能被其他类继承
2        public FinalClass(){
3            System.out.println("Final 类");
4        }
5        public void showMessage(){
6            System.out.println("Final 类不能被继承");
7        }
8        public static void main(String args[]){
9            FinalClass fc = new FinalClass();
10           fc.showMessage();
11       }
12   }
```

以上代码的运行结果如图 4-13 所示。

```
Problems  @ Javadoc  Declaration  Console
<terminated> FinalClass [Java Application] C:\Program Files\Java\
Final类:
Final类不能被继承
```

图 4-13　运行结果

5. 嵌套类

嵌套类将一个类定义在另外一个类的内部。嵌套类的结构如下：

```
class 外部类{
    …
    class 嵌套类{
        …
    }
}
```

嵌套类封闭在外部类的内部，可以将嵌套类看作外部类的成员类。因此，嵌套类可以访问外部类的成员变量和成员方法。嵌套类作为外部类的一个成员，也具有和成员变量及成员方法相同的访问控制方式，即嵌套类具有 public、private、protected 和默认（包私有）访问控制方式。

嵌套类的优点如下：

1）嵌套类作为外部类的成员类，提高了类的封装性。一般来说，其他类是无法访问某个类内部的嵌套类，但是嵌套类可以访问外部类的成员。

2）嵌套类的存在使得嵌套类和外部类之间具有更强的逻辑依赖关系。

嵌套类根据是否使用关键字 static 修饰，可以分成静态嵌套类和内部类。如果嵌套类有 static 关键字修饰，则该嵌套类称为静态嵌套类。如果没有 static 关键字修饰，则该嵌套类被称为内部类。

静态嵌套类的一般形式如下：

```
class 外部类{
    …
```

```
    static class 嵌套类{
      …
    }
}
```

【例 4-9】静态嵌套类的应用。

```
1    public class StaticInnerClassExample{
2        public static void showMessage(){
3            System.out.println("外部类:");
4            StaticClass s = new StaticClass();
5            s. StaticClassMessage("在外部类中调用内部类");
6        }
7        public static class StaticClass{
8            public StaticClass(){
9                System.out.println("静态嵌套类");
10           }
11           public static void StaticClassMessage(String str){
12               System.out.println("内部类:" + str);
13           }
14       }
15       public static void main(String[] args){
16           StaticInnerClassExample sce1 = new StaticInnerClassExample();
17           sce1.showMessage();
18           System.out.println(" ------------------------------ ");
19           StaticInnerClassExample.StaticClass. StaticClassMessage("直接引
用静态嵌套类");
20       }
21   }
```

程序分析：

第 1 行：创建外部类 StaticInnerClassExample。

第 2 ~6 行：定义外部类的方法 showMessage()。

第 4 行：定义内部类 StaticClass 的对象。

第 5 行：调用内部类 StaticClass 的对象的方法 StaticClassMessage()。

第 7 ~14 行：定义静态嵌套类 StaticClass。

第 11 ~13 行：定义静态嵌套类 StaticClass 的方法 StaticClassMessage()。

第 16 ~17 行：定义外部类 StaticInnerClassExample 的对象，并通过对象调用外部类的方法 showMessage()。

第 19 行：通过类名直接引用静态嵌套类 StaticClass 中的方法 accessOuterMessage()。

以上代码的运行结果如图 4-14 所示。

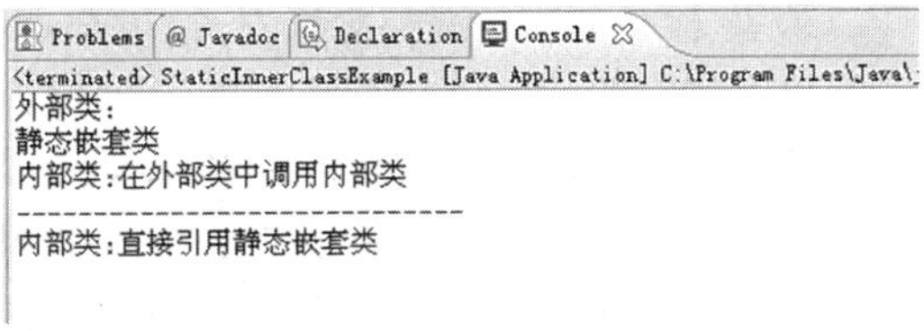

```
Problems  @ Javadoc  Declaration  Console
<terminated> StaticInnerClassExample [Java Application] C:\Program Files\Java\
外部类:
静态嵌套类
内部类:在外部类中调用内部类
------------------------------
内部类:直接引用静态嵌套类
```

图 4-14　运行结果

静态嵌套类不允许用 this 关键字表示本对象，因为静态嵌套类作为外部类的静态成员类，它不属于类的对象。外部类的所有对象可以共享同一静态嵌套类，并且与这些对象创建的先后顺序无关，如上例中外部类 StaticInnerClassExample 的对象 sce1 和 sce2 共享静态嵌套类 StaticClass 占据的内存空间。在引用静态嵌套类时，可以通过“外部类．静态嵌套类”的方式直接访问静态嵌套类。

由于静态嵌套类在程序运行时占据的内存空间是固定的，因此静态嵌套类只能访问外部类的静态成员，不能访问外部类的非静态成员。

没有关键字 static 修饰的嵌套类称为内部类。作为外部类的成员类，内部类和外部类的其他成员变量和成员方法是一样的。在调用内部类时，需要创建外部类的对象，然后为该对象创建内部类对象，并开创内存空间。由于内部类的对象占据独立的内存空间，所以不能在内部类中定义静态成员。

【例 4-10】 内部类的应用。

```
1    public class OuterClassExample{
2        public OuterClassExample(){
3            System.out.println("外部类:");
4        }
5        public void showOuterMessage(){
6            System.out.println("创建一个内部类对象:");
7            InnerClass ic = new InnerClass();
8            ic.showInnerMessage("ic");
9        }
10       public class InnerClass{
11           public InnerClass(){
12               System.out.println("内部类:");
13           }
14           public void showInnerMessage(String str){
15               System.out.println("内部类对象:" + str);
16           }
17       }
18       public static void main(String args[]){
19           OuterClassExample oc = new OuterClassExample();
20           oc.showOuterMessage();
21       }
22   }
```

程序说明:

第 7 行：创建内部类对象 ic。

第 8 行：调用内部类对象 ic 的方法 showInnerMessage()。

第 19 行：创建外部类对象 oc。

第 20 行：调用外部类对象 oc 的方法 showOuterMessage()。

以上代码的运行结果如图 4-15 所示。

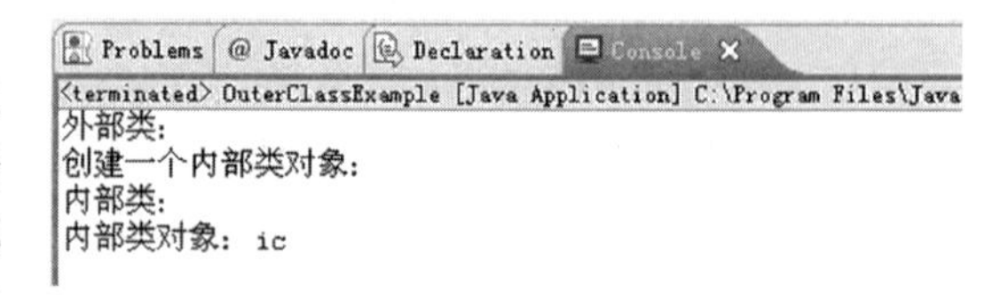

图 4-15　内部类运行结果

可以在外部类的内部定义内部类（如上例），也可以在一个方法内定义内部类。根据方法中定义的内部类是否命名，又可以将内部类分为本地类和匿名类。本地类是指在外部类的成员方法中定义的有类名的内部类；匿名类是指在成员方法中定义的没有指明类名的内部类。

本章小结

本章主要介绍了Java语言中面向对象的基本内容——类和对象的基本概念。

类是一组具有共同特征的对象的抽象描述。类在定义时包括类的头部和类的内容体。在类的头部中修饰符可以分为可访问控制符和非访问控制符，可访问控制符用于定义类的可访问性，非访问控制符用于定义类的性质。类的内容体中包含了类的成员，类的成员可以分为类的成员变量和成员方法。类的成员也可以有访问控制符和非访问控制符。

访问控制符有public、private和protected，访问控制符可以确定类和类的成员能否被其他类进行访问；其他非访问控制符有static、final、abstract等，这些非访问控制符决定了类和类的成员的特性。

对象是类的具体实例。Java语言通过new操作符来调用构造方法进行对象的初始化工作。构造方法是一种特殊的方法，构造方法名必须和类名相同，并且没有返回值。在一个类中可以有多个构造方法，这些构造方法具有相同的方法名、不同的参数（参数类型和参数个数各不相同），这种情况称为重载构造方法。重载构造方法实现了对象在不同条件下的初始化。

this是关键字，表示的含义是当前的对象。通过this关键字来表示引用当前类的成员方法和成员变量。

对象的清除表示了对象生命周期的结束。Java通过垃圾回收机制实现了对象的清除，释放无用的对象和空间，垃圾收集时调用对象的方法finalize()。

本章还介绍了特殊形式的类：嵌套类。嵌套类是将一个类定义在另外一个类的内部。嵌套类根据是否使用关键字static修饰，可以分成静态嵌套类和内部类。静态嵌套类不允许用this关键字表示本对象，外部类的所有对象可以共享同一静态嵌套类。内部类作为外部类的成员类，内部类和外部类的其他成员变量和成员方法是一样的。由于内部类的对象占据独立的内存空间，所以不能在内部类中定义静态成员。

第5章　继承和多态

继承和多态是Java面向对象程序设计的重要特点，也是实现Java程序代码复用性的一种有效手段。本章主要介绍继承的概念、继承的实现、抽象类的作用、方法重写、接口，以及用接口实现多继承等内容。

5.1　任务1：创建继承于类Person的类Student

【知识要点】
- 继承的实现。
- 父类和子类。

【典型案例】创建类Student，这个类继承于类Person。

5.1.1　详细设计

本程序实现创建继承于类Person的类Student，其中Person是父类，Student是子类，代码如下：

```
1    class Person {
2        String name;
3        String sex;
4        int age;
5        void getInfo(String n,String s,int a)
6        {
7            name = n;
8            sex = s;
9            age = a;
10       }
11       void showInfo()
12       {
13           System.out.println("姓名:" + name);
14           System.out.println("性别:" + sex);
15           System.out.println("年龄:" + age);
16       }
17   }
18   public class Student extends Person {
19       String id;
20       String school;
21       void setInfo(String num,String school_name)
22       {
23           id = num;
24           school = school_name;
25       }
```

```
26        void outputInfo()
27        {
28            System.out.println("学校:" + school);
29            System.out.println("学号:" + id);
30            System.out.println("姓名:" + name);
31            System.out.println("性别:" + sex);
32            System.out.println("年龄:" + age);
33        }
34        public static void main(String[] args) {
35            //TODO Auto - generated method stub
36            System.out.println("第一个人的信息");
37            Student zhang = new Student();
38            zhang.name = "张三";
39            zhang.sex = "男";
40            zhang.age = 18;
41            zhang.id = "05";
42            zhang.school = "SISO";
43            zhang.showInfo();
44            System.out.println("第二个人的信息");
45            Student li = new Student();
46            li.getInfo("李四","女",20);
47            li.setInfo("10","SISO");
48            li.outputInfo();
49        }
50    }
```

程序分析：

第 1 行：创建父类 Person。

第 2 ~ 4 行：定义父类中的变量。

第 5 ~ 10 行：定义方法 getInfo()，获取个人信息。

第 11 ~ 16 行：定义方法 showInfo()，显示个人信息。

第 18 行：创建子类 Student 继承父类 Person。

第 19 ~ 20 行：定义子类中的变量。

第 21 ~ 25 行：定义方法 setInfo()，获取学生的学校名称和学号。

第 26 ~ 33 行：定义方法 outputInfo()，显示学生信息。

第 37 ~ 48 行：创建属于学生类的对象，并通过对象调用其相关的成员变量和成员方法。

5.1.2　运行

本程序定义一个类 Person，在该类中包含 name（姓名）、sex（性别）和 age（年龄）3 个属性以及 getInfo()、showInfo()两个方法。同时创建一个类 Student，该类继承自类 Person（即类 Person 为父类）。类 Student 除了具有父类 Person 的相关属性和方法之类，也具有属于自己的属性 school 和 id，以及方法 setInfo()和 outputInfo()。定义类之后，可以创建属于类的对象，这里创建了类 Student 的对象 zhang 和 li。由于对象属于类 Student，所以这些对象除了可以调用类 Student 的属性和方法（如 zhang. school，li. setInfo()）之外，也可以调用属于类 Person 的属性和方法（如 zhang. name，li. getInfo( )）。

以上代码的运行结果如图 5-1 所示。

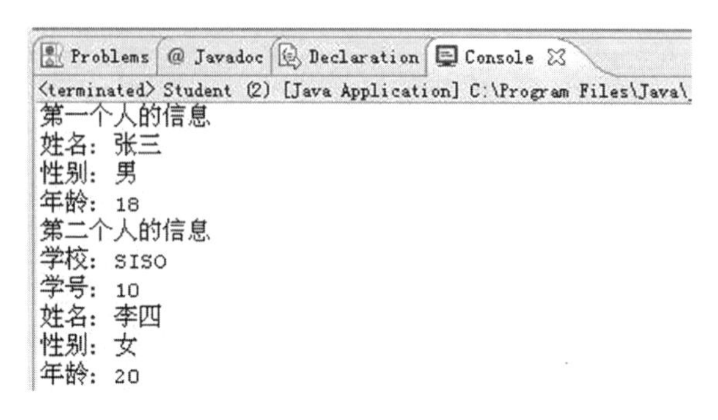

图 5-1　运行结果

5.1.3　知识点分析

继承是面向对象程序设计的关键特点之一，是面向对象程序的重要概念，它实现了程序代码的复用性。

继承是指一个新的类继承于某个父类后，这个类既具有其父类的部分特性，同时又增加了新的特性，使得该类与其父类既有相似性，又有所区别。在继承关系中，被继承的类称为父类，继承某个父类的类称为子类。通过这种继承的方式，可以避免子类设计过程中的重复性，很好地实现了代码的复用。同时通过继承，也可以很好地展现不同类之间的层次性。

例如，已经定义和实现类 Student（代表学生），需要定义一个新的类 CollegeStudent（代表大学生）。由于大学生是学生中的一种，所以没有必要对类 Student 中属于学生的共同特征的部分重新编写代码，只需要通过继承类 Student 的相关属性即可。类 CollegeStudent 通过继承可以获得类 Student 的变量和方法。由于类 CollegeStudent 也具有自身的特征，如“所学专业”等，因此可以为这些异于 Student 类的特征定义新的成员变量和成员方法。这样，类 CollegeStudent 继承于类 Student，既具有了 Student 类的部分特征（学号、姓名、性别等），又具有了新的属性特征（学院、专业等）。图 5-2 表示了两个类之间的继承关系。

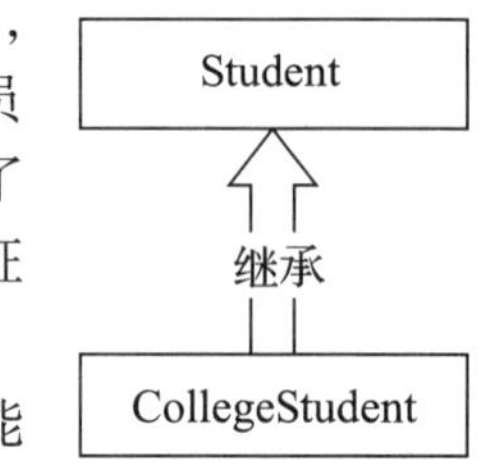

图 5-2　基础关系图

继承可以分成两大类型：单继承和多继承。单继承是指一个类只能继承于一个父类；多继承是指一个类可以继承于多个父类。Java 语言只支持单继承，不支持多继承。

1. 父类和子类

继承实际上是一个新的类扩展一个已有类的过程。被扩展的类通常称为父类，扩展类称为子类。子类继承了父类的类成员，同时也可以定义自己的类成员。子类和父类之间的继承关系也可以称为派生与被派生的关系。所以，有时称父类为基类，子类称为派生类。例如，定义类 CollegeStudent（大学生）继承于类 Student（学生），此时 CollegeStudent 为子类，Student 为父类。

2. 继承

Java 中通过关键字 extends 实现继承。表示继承关系的格式如下：

```
class 子类名 extends 父类名{
    类体
}
```

通过继承，虽然子类可以继承父类的成员变量和成员方法，但并不表示子类可以完全继承父类的所有成员。因为，类成员的访问控制限制了类成员的可引用性，如父类的私有成员不能被子类所继承。这就如同孩子往往会继承父亲的部分特征，而不是全部特征。

5.2　任务 2：计算圆形和长方形的面积

【知识要点】方法重载。

【典型案例】计算圆形和长方形的面积。

5.2.1　详细设计

本程序实现在类 AreaCalculate 中设计圆形面积的计算方法和长方形面积的计算方法，代码如下：

```
1    public class AreaCalculate {
2        final float PI =3.14f;
3        int r;
4        int width,height;
5        float area;
6        void areaCalculate(int r)
7        {
8            area = PI * r * r;
9            System.out.println("圆的面积:" +area);
10       }
11       void areaCalculate(int width,int height)
12       {
13           area =width +height;
14           System.out.println("长方形的面积:" +area);
15       }
16       public static void main(String[] args) {
17           //TODO Auto -generated method stub
18           AreaCalculate Shape =new AreaCalculate();
19           Shape.areaCalculate(2);
20           Shape.areaCalculate(3,4);
21       }
22   }
```

程序分析：

第 1 行：创建类 AreaCalculate。

第 2 ~5 行：定义变量。

第 6 ~10 行：定义含有一个参数的方法 areaCalculate( )，参数为圆的半径。

第 11 ~15 行：定义含有两个参数的方法 areaCalculate( )，参数为长方形的长和宽。

第 18 行：定义属于类 AreaCalculate 的对象 Shape。

第 19 ~20 行：通过对象 Shape 调用方法 areaCalculate( )。

5.2.2　运行

本程序创建类 AreaCalculate，并在该类中运用方法重载，定义方法 areaCalculate(int r)

和 areaCalculate(int width, int height)，分别计算圆的面积和长方形的面积。

以上代码的运行结果如图 5-3 所示。

```
Problems  @ Javadoc  Declaration  Console
<terminated> OverLoadCalculate [Java Application] C:\Program Files\Java\
圆的面积: 12.56
长方形的面积: 7.0
```

图 5-3　运行结果

5.2.3　知识点分析

方法的重载是指在同一个类中，多个方法具有相同的方法名，而具有不同的参数和方法体。这里所说的参数不同包括参数的类型和个数都可以不同，例如，在同一个类中可以定义方法 public void showInfo( )和 public void showInfo(int x)。

注意：

1）在 Java 中，参数的类型和个数相同，而形参名不同，则不认为是方法重载。例如，public void showInfo(int x) 和 public void showInfo(int y) 被认为是同一个方法，不是方法重载。

2）在 Java 中，方法的返回值不同时，不认为是方法重载。例如，public void showInfo( )和 public int showInfo( )不是方法重载。

3）在 Java 中，方法的访问控制符不同时，不认为是方法重载。例如，public void showInfo( )和 private void showInfo( )不是方法重载。

任务 2 中的 void areaCalculate(int r) 和 void areaCalculate(int width, int height) 是方法重载，因为这两个方法在同一个类中，其中一个方法只有一个参数，而另一个同名方法有两个参数。在编译过程中，根据调用时参数的不同，编译器将自动加载不同的方法 areaCalculate( )。

【例 5-1】 定义一个类 Counter，具有实现乘法运算的功能。

```
1    public class Counter{
2        public Counter(){
3            System.out.println("两数相乘求积:");
4        }
5        public void mul(int x,int d){
6            System.out.println("两个整数:"+x+"*"+d+"="+x*d);
7        }
8        public void mul(int x,float y){
9            System.out.println("一个整型、一个单精度浮点数:"+x+"*"+y+"="+x
*y);
10       }
11       public void mul(float x,float y){
12           System.out.println("两个单精度浮点数:"+x+"*"+y+"="+x*y);
13       }
14       public static void main(String args[]){
15           Counter c=new Counter();
16           c.mul(3,2);
17           c.mul(3,2.5f);
18           c.mul(3.0f,2.5f);
19       }
20   }
```

程序说明：

第5~7行：定义方法 mul(int x，int d)。

第8~10行：定义方法 mul(int x，float y)(方法重载)。

第11~13行：定义方法 mul(float x，float y)(方法重载)。

以上代码的运行结果如图5-4所示。

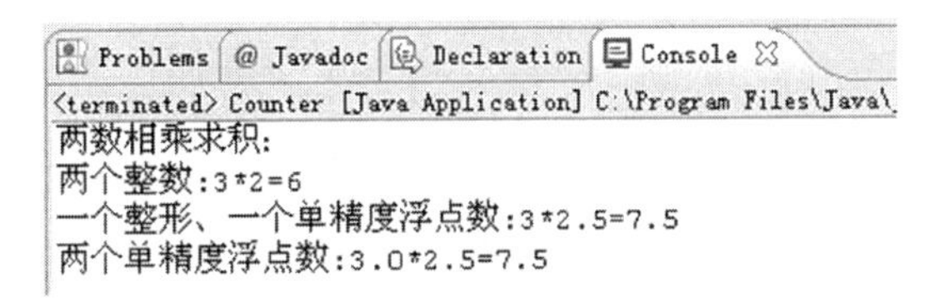

图5-4　运行结果

5.3　任务3：创建抽象类 Transport

在现实生活中，许多实物可以抽象成一个共同的类，如汽车、火车、轮船、飞机等都可以抽象为“交通工具”（Transport）。又如哺乳动物和两栖动物等常被统称为“动物”，此时的“动物”并不是特指某个具体的实物。因此在Java中，将“交通工具”和“动物”等只是作为抽象概念存在，而没有一组“固定”对象的类称为抽象类。例如，“交通工具”类的对象可以是一辆汽车，也可以是一艘轮船，即“交通工具”类没有“固定”的一组对象（汽车和轮船是两个完全不同的对象），因此“交通工具”是一个抽象类。由于抽象类是对一组具体实现的抽象性描述，所以通常抽象类不能被实例化，只用来派生子类。

【知识要点】

- 抽象类。
- 抽象方法。
- 多态性。

【典型案例】创建抽象类 Transport。

5.3.1　详细设计

本程序实现创建抽象类 Transport，创建汽车类 Car 和火车类 Train，它们都继承于抽象类 Transport，代码如下：

```
1    public abstract class Transport {
2        abstract void distance();
3        public static void main(String[] args) {
4            //TODO Auto-generated method stub
5            Car QQ = new Car();
6            QQ.getInfo("奇瑞",80,1.5f);
7            QQ.distance();
8            Train G = new Train();
9            G.getInfo("G7023",380,1.5f);
10           G.distance();
11       }
12   }
13   class Car extends Transport{
14       String type;
15       float time;
16       int speed;
17       float s;
18       void getInfo(String type,int speed,float time)
19       {
```

```
20          this.type = type;
21          this.time = time;
22          this.speed = speed;
23      }
24      void distance()
25      {
26          s = speed * time;
27          System.out.println("汽车的型号:" + type);
28          System.out.println("汽车以时速" + speed + "千米/小时行驶了" + time + "
小时,行驶的路程:" + s + "千米");
29      }
30  }
31  class Train extends Transport{
32      String number;
33      float time;
34      int speed;
35      float s;
36      void getInfo(String number,int speed,float time)
37      {
38          this.number = number;
39          this.time = time;
40          this.speed = speed;
41      }
42      void distance()
43      {
44          s = speed * time;
45          System.out.println("火车的车次:" + number);
46          System.out.println("火车的以时速" + speed + "千米/小时行驶了" + time
+ "小时,行驶的路程:" + s + "千米");
47      }
48  }
```

程序分析:

第 1 行：创建抽象类 Transport。

第 2 行：创建抽象方法 distance()。

第 5 ~ 7 行：创建属于类 Car 的对象 QQ，并设置和显示对象的相关信息。

第 8 ~ 10 行：创建属于类 Train 的对象 G，并设置和显示对象的相关信息。

第 13 行：创建继承于父类 Transport（抽象类）的子类 Car。

第 14 ~ 17 行：定义子类 Car 的成员变量。

第 18 ~ 23 行：定义子类 Car 的成员方法 getInfo()，获取汽车的相关信息。

第 24 ~ 29 行：修改（覆盖）抽象方法 distance()，计算行程。

第 31 行：创建继承于父类 Transport（抽象类）的子类 Train。

第 32 ~ 35 行：定义子类 Train 的成员变量。

第 36 ~ 41 行：定义子类 Train 的成员方法 getInfo()，获取汽车的相关信息。

第 42 ~ 47 行：修改（覆盖）抽象方法 distance()，计算行程。

5.3.2　运行结果

本程序定义了交通工具 Transport 抽象类，在该抽象类中定义了抽象方法 distance()。同时创建汽车类 Car 和火车类 Train，它们都继承于抽象类 Transport。在子类 Car 和 Train 中，通过方法重写的方式，重写了抽象方法 distance()，分别计算汽车和火车的行程。

以上代码的运行结果如图 5-5。

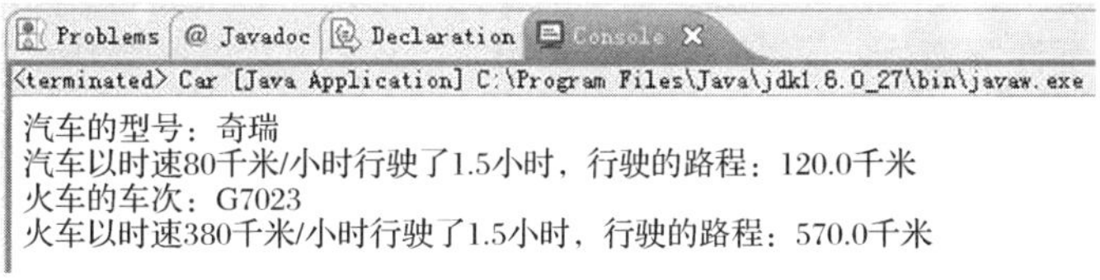

```
Problems  @ Javadoc  Declaration  Console ✕
<terminated> Car [Java Application] C:\Program Files\Java\jdk1.6.0_27\bin\javaw.exe
汽车的型号：奇瑞
汽车以时速80千米/小时行驶了1.5小时，行驶的路程：120.0千米
火车的车次：G7023
火车以时速380千米/小时行驶了1.5小时，行驶的路程：570.0千米
```

图 5-5　运行结果

5.3.3　知识点分析

1. 抽象类

在 Java 中用关键字 abstract 修饰抽象类。抽象类的格式如下：

```
abstract class 抽象类名 {
    类体
}
```

例如：

```
abstract class Train{…}
```

抽象类是对实体的抽象描述，它不可以被实例化，即不能有实例化对象。在抽象类中，既可以定义抽象方法，也可以定义非抽象方法。如果在抽象类中定义了抽象方法，则在抽象类派生出的子类中必须重写该抽象方法，从而实现不同子类的不同功能。如果没有对抽象方法进行重写，则将产生编译错误。在定义抽象类时不能用 final 关键词修饰，因为用 final 修饰的类不能派生出子类，同时抽象类也不能用 static 关键字修饰。

注意：虽然在抽象类中定义构造方法没有语法错误，但是这样的定义没有任何实际意义。

2. 抽象方法

Java 中用关键字 abstract 修饰的方法称为抽象方法。抽象方法的格式如下：

```
abstract 返回值类型 方法名([形式参数]);
```

例如：

```
abstract void distance();
```

抽象方法必须用 abstract 关键字修饰。抽象方法只有头部描述而没有方法体，即它只提供方法的规格说明，而没有具体的方法实现。抽象方法只能出现在抽象类和接口中，如果在其他类中定义抽象方法，则会产生编译错误。

注意：

1）抽象类不一定有抽象方法，但有抽象方法的类一定是抽象类。

2）与抽象类相似，final 关键字不能修饰抽象方法，因为 final 是最终方法，用 final 修饰的方法不可以被修改，而抽象方法没有方法体，它必须通过继承和重写方法的方式修改方法体。

3）与抽象类相似，static 关键词也不能修饰抽象方法，因为静态方法必须占据固定的内存，而抽象方法是不能被加载到内存中的（抽象方法无法运行），即它无法占据固定内存。

3. 多态性

多态性是面向对象程序设计的重要特性之一，它是由继承而产生的结果，因此继承是多态的前提。在面向对象程序设计中，多态性实现了在继承过程中不同的类中可以有相同的方法名，但是不同的方法体的方法，即“一个名字，多种形式”。在平时的编程过程中，经常会用到一个简单的“多态性”实例——符号“ + ”，例如：

```
2 +3              //实现整数相加
'a' + 'b'         //实现字符相加
```

同一个“ + ”可以实现多种不同的操作，如整数相加、字符串连接等操作。

根据消息选择响应方式的不同，多态可以分成两种形式：编译多态（Compile-time Polymorphism）和运行多态（Run-time Polymorphism）。系统在编译时，根据参数的不同选择响应不同的方法称为编译多态。编译多态主要有方法重载。程序运行时才可以确认响应的方法称为运行多态，运行多态主要有方法重写。

5.4　任务 4：创建继承于类 Person 的类 Student 并重写方法

【知识要点】
- 方法重写。
- 成员变量的隐藏。
- super 关键字。

【典型案例】创建继承于类 Person 的类 Student，并重写方法。

5.4.1　详细设计

本程序实现创建类 Person 及继承于该类的子类 Student，并重写方法 showInfo()，代码如下：

```
1    class Person {
2        String name;
3        String sex;
4        int age;
5        void getInfo(String n,String s,int a)
6        {
7            name =n;
8            sex =s;
9            age =a;
10       }
11       void showInfo()
12       {
13           System.out.println("姓名:" +name);
14           System.out.println("性别:" +sex);
15           System.out.println("年龄:" +age);
16       }
17   }
18   public class Student extends Person {
19       String id;
```

```
20        String school;
21        void setInfo(String num,String school_name)
22        {
23            id = num;
24            school = school_name;
25        }
26        void showInfo()
27        {
28            System.out.println("学校:" + school);
29            System.out.println("学号:" + id);
30            System.out.println("姓名:" + name);
31            System.out.println("性别:" + sex);
32            System.out.println("年龄:" + age);
33        }
34        public static void main(String[] args) {
35            //TODO Auto - generated method stub
36            System.out.println("第一个人的信息");
37            Student zhang = new Student();
38            zhang.name = "张三";
39            zhang.sex = "男";
40            zhang.age = 18;
41            zhang.id = "05";
42            zhang.school = "SISO";
43            zhang.showInfo();
44            System.out.println("第二个人的信息");
45            Student li = new Student();
46            li.getInfo("李四","女",20);
47            li.setInfo("10","SISO");
48            li.showInfo();
49        }
50    }
```

程序分析:

第1行：创建类 Person。

第2~4行：定义变量。

第5~10行：定义方法 getInfo()，获取个人信息。

第11~16行：定义方法 showInfo()，输出个人信息。

第18行：创建子类 Student 继承于父类 Person。

第19~20行：定义变量。

第21~25行：定义方法 setInfo()，获取学生信息。

第26~33行：用方法重写的方式，重写方法 showInfo()，输出学生信息。

第37、45行：创建属于类 Student 的对象。

第38~43行：调用方法，输入和显示第一个学生的信息。

第46~48行：调用对象，输入和显示第二个学生的信息。

5.4.2　运行

本程序创建类 Person，并创建继承于类 Person 的子类 Student，在子类 Student 中重写了方法 showInfo( )，实现了不同于父类 Person 的信息显示方法（类 Person 的方法 showInfo( ) 显示姓名、性别、年龄，类 Student 中的方法 showInfo( ) 显示学校、学号、姓名、性别、年龄信息）。

以上代码的运行结果如图 5-6 所示。

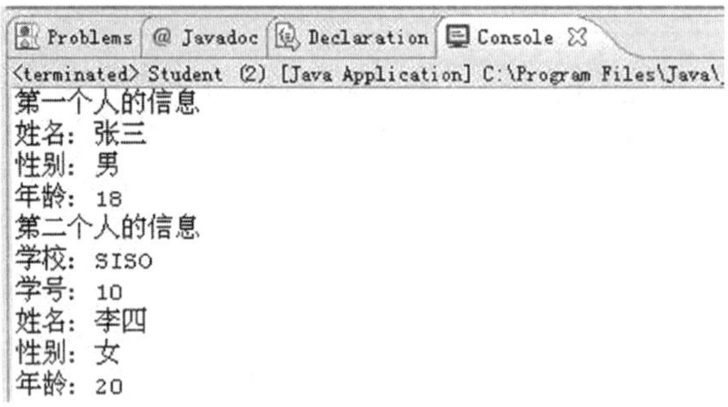

```
Problems  @ Javadoc  Declaration  Console
<terminated> Student (2) [Java Application] C:\Program Files\Java\
第一个人的信息
姓名：张三
性别：男
年龄：18
第二个人的信息
学校：SISO
学号：10
姓名：李四
性别：女
年龄：20
```

图 5-6　运行结果

5.4.3　知识点分析

1. 方法重写

方法重写是在继承过程中，子类重新定义父类的成员方法，使得新定义的方法具有和父类的成员方法相同的方法名、参数和返回值，但是具有不同的方法体。因此，方法重写可以实现同一方法在不同子类中的不同操作。一般来说，通过方法重写，子类对象只会调用子类中定义的方法，而不会调用父类中的同名方法。

2. 成员变量的隐藏

继承的过程中，在子类中定义与父类成员同名的成员变量，则可以实现该父类成员变量在子类中的隐藏。即使子类与父类中同名成员变量的类型不同，父类的同名变量也仍然会被隐藏。如果需要在子类中引用父类的同名成员变量，则需要通过关键字 super 来实现。

【例 5-2】 成员变量隐藏的应用。

```
1    class ParentClass{
2        public String string;
3        public ParentClass(){
4            String string = "父类";
5            System.out.println("ParentClass:" +string);
6        }
7        protected static void getMessage(){
8            System.out.println("这是父类中的 getMessage 方法");
9        }
10       protected void showMessage(String message){
11           System.out.println("ParentClass:" +message);
12       }
13   }
14   class ChildClass extends ParentClass{
15       public int string;                        //定义 string 为 int
```

```
16      public ChildClass(){
17          string =0;
18          System.out.println("ChildClass:" +string);
19      }
20      protected static void getMessage(){
21          System.out.println("这是子类中的 getMessage 方法");
22      }
23      public void showMessage(String message){
24          System.out.println("ChildClass:" +message);
25      }
26  }
27  public class OverridingTest{
28      public static void main(String args[]){
29          ChildClass cc =new ChildClass();
30          cc.showMessage("子类的 showMessage 方法");
31          cc.getMessage();
32      }
33  }
```

程序分析：

第 1 行：创建父类 ParentClass。

第 2 行：定义字符型变量 string。

第 3 ~6 行：定义构造函数。

第 7 ~9 行：定义方法 getMessage()。

第 10 ~12 行：定义方法 showMessage()。

第 13 行：创建子类 ChildClass 继承于父类 ParentClass。

第 15 行：定义整型变量 string。

第 16 ~19 行：定义构造函数。

第 20 ~22 行：定义方法 getMessage()。

第 23 ~25 行：定义方法 showMessage()。

第 27 行：定义类 OverridingTest。

第 29 行：定义属于子类 ChildClass 的对象 cc。

第 30 ~31 行：调用对象 cc 的方法 getMessage()和 showMessage()。

以上代码的运行结果如图 5-7 所示。

```
Problems  @ Javadoc  Declaration  Console
<terminated> OverridingTest [Java Application] C:\Program Files\Java\
ParentClass:父类
ChildClass:0
ChildClass:子类的showMessage方法
这是子类中的getMessage方法
```

图 5-7　运行结果

在以上代码中，父类的 string 变量被子类的同名变量隐藏。在方法重写时，子类对象的实例方法只会调用子类中定义的方法 showMessage()和 getMessage()，而不会调用父类中同名的方法。

3. super 关键字

在子类中有时需要使用父类的成员变量和成员方法，此时可以通过 super 关键字来实现。super 关键字主要应用于引用父类的构造方法，以及引用父类中被子类重写的成员方法和隐藏的成员变量。

注意：子类不能通过 super 关键字来访问父类的私有成员，因为父类的私有成员的作用域只在父类中有效。

【例 5-3】 super 关键字的应用。

```
1    class SuperClass{
2        private String string;
3        public SuperClass(){
4            string = "父类";
5        }
6        public void setValue(String s){
7            string = s;
8        }
9        public void showMessage(){
10           System.out.println("父类的信息有字符串:" + string);
11       }
12   }
13   class SubClass extends SuperClass{
14       public String string;
15       public char ch;
16       public SubClass(){
17           super();
18           ch = 'C';
19       }
20       public void showMessage(){
21           super.showMessage();          //引用父类被覆盖的方法 showMessage()
22           System.out.println("子类增加信息有字符:" + ch);
23       }
24   }
25   public class SuperTest{
26       public static void main(String args[]){
27           SubClass sc = new SubClass();
28           sc.showMessage();
29       }
30   }
```

程序说明：

第 1 行：创建父类 SuperClass。

第 3 ~ 5 行：定义父类的构造方法 SuperClass()。

第 6 ~ 8 行：定义父类的方法 setValue()。

第 9 ~ 11 行：定义父类的方法 showMessage()。

第 13 行：创建子类 SubClass。

第 16 行：定义子类的构造方法 SubClass()。

第 17 行：在子类的构造方法中通过 super 关键词引用父类的构造方法。

第 20 ~ 23 行：定义子类的方法 showMessage()。

第 21 行：在子类中通过 super 关键词引用父类的方法 showMessage()。

以上代码的运行结果如图 5-8 所示。

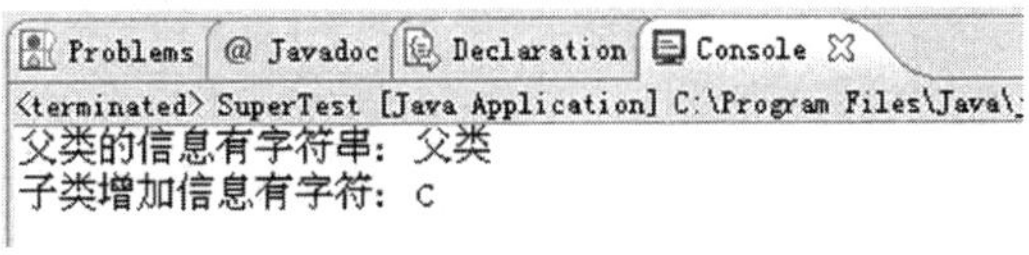

Problems @ Javadoc Declaration Console
<terminated> SuperTest [Java Application] C:\Program Files\Java\
父类的信息有字符串：父类
子类增加信息有字符：c

图 5-8　运行结果

由于父类中定义的私有成员无法被子类成员访问，因此在子类 SubClass 中试图通过 super. string 来访问父类定义的成员变量 string，会产生编译错误。

父类的静态成员也不能通过 super 关键字被子类对象访问。因为静态成员方法和静态成员变量被加载后会占据固定的存储空间，对所有类的对象有效。子类静态成员占据的空间与父类静态成员占据的空间没有关系。因此，在子类中引用父类的静态类方法和静态成员变量会产生编译错误。

5.5　任务 5：计算圆形、长方形的面积和周长

在有些情况下，如大学的人员分成学生和在校的职工，如果某些在校职工正在读本校的在职研究生，此时他们就同时具有在校职工和学生两种身份。如果需要创建一个在职研究生类，则这个类既具有在校职工的特点，又具有研究生的特点，因此这个在职研究生类应该同时继承于在校职工类和研究生类。但是 Java 是不支持多继承的，那如何解决以上的问题？在 Java 中，为了解决“多继承”的问题，引入了接口的概念。通过接口（Interface）可以实现“多接口”的功能。

【知识要点】接口。

【典型案例】计算圆形、长方形的面积和周长。

5.5.1 详细设计

本程序实现创建接口 ShapeCalculate，创建继承于接口 ShapeCalculate 的圆形类 CircleCalculate 和长方形类 RentangleCalculate，并分别计算圆形和长方形的面积和周长，代码如下：

```
1    interface ShapeCalculate{
2        void areaCalculate();
3        void perimeterCalculate();
4    }
5    public class CircleCalculate implements ShapeCalculate {
6        final float PI =3.14f;
7        int r;
8        float area;
9        float perimeter;
10       void getInfo(int r)
11       {
12           this.r =r;
13           System.out.println("圆的半径:" +r);
14       }
15       public void areaCalculate()
16       {
17           area = PI * r * r;
18           System.out.println("圆的面积:" +area);
19       }
```

```
20        public void perimeterCalculate()
21        {
22            perimeter =2 * PI * r;
23            System.out.println("圆的周长:" +perimeter);
24        }
25        public static void main(String[] args) {
26            //TODO Auto - generated method stub
27            CircleCalculate circle =new CircleCalculate();
28            circle.getInfo(2);
29            circle.areaCalculate();
30            circle.perimeterCalculate();
31            RectangleCalculate rectangle =new RectangleCalculate();
32            rectangle.getInfo(3,4);
33            rectangle.areaCalculate();
34            rectangle.perimeterCalculate();
35        }
36    }
37    class RectangleCalculate implements ShapeCalculate {
38        int width,length;
39        float area;
40        float perimeter;
41        void getInfo(int a,int b)
42        {
43            width =a;
44            length =b;
45            System.out.println("长方形的长:" +length +"   长方形的宽:" +width);
46        }
47        public void areaCalculate()
48        {
49            area =width * length;
50            System.out.println("长方形的面积:" +area);
51        }
52        public void perimeterCalculate()
53        {
54            perimeter =2 * (width +length);
55            System.out.println("长方形的周长:" +perimeter);
56        }
57    }
```

程序分析：

第 1 行：创建接口 ShapeCalculate。

第 2 ~3 行：创建计算面积的方法 areaCalculate()，计算周长的方法 perimeterCalculate()。

第 5 行：创建类 CircleCalculate 继承于接口 ShapeCalculate。

第 6 ~9 行：定义变量。

第 10 ~14 行：定义方法 getInfo()。

第 15 ~19 行：定义方法 areaCalculate()，计算圆的面积。

第 20 ~ 24 行：定义方法 perimeterCalculate()，计算圆的周长。

第 27 ~ 30 行：创建属于类 CircleCalculate 的对象 circle，并计算对象的面积和周长。

第 31 ~ 34 行：创建属于类 RectangleCalculate 的对象 rectangle，并计算对象的面积和周长。

第 37 行：创建类 RectangleCalculate 继承于接口 ShapeCalculate。

第 38 ~ 40 行：定义变量。

第 41 ~ 46 行：定义方法 getInfo()。

第 47 ~ 51 行：定义方法 areaCalculate()，计算长方形的面积。

第 52 ~ 56 行：定义方法 perimeterCalculate()，计算长方形的周长。

5.5.2 运行

本程序创建接口 ShapeCalculate，并在接口中定义了方法 areaCalculate()和 perimeterCalculate()，同时创建圆形类 CircleCalculate 和长方形类 RentangleCalculate 实现接口 ShapeCalculate，并分别在圆形类 CircleCalculate 和长方形类 RentangleCalculate 中重写了方法 areaCalculate()和 perimeterCalculate()，分别用于计算圆形和长方形的面积和周长。

运行以上代码，结果如图 5-9 所示。

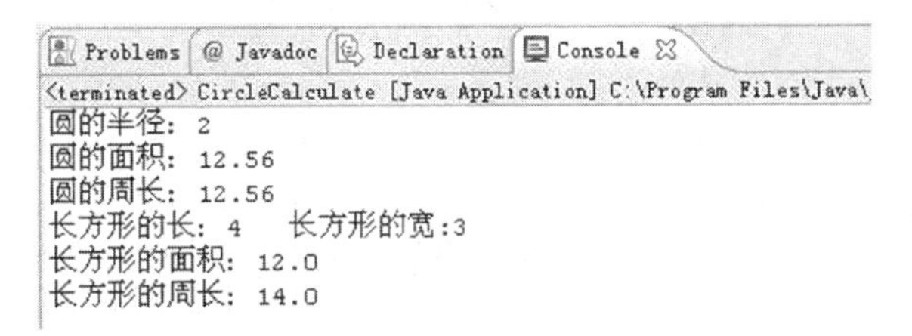

图 5-9　运行结果

5.5.3 知识点分析

接口（Interface）是一系列方法的声明。在接口中，只有方法声明，而不描述这些方法的具体实现，即接口只需要知道"做什么"，而不需要知道"怎么做"。因此，接口相当于为一个或多个类提供一个"行为规范"，具体的内容在实现接口的类中完成。从编程的角度看，Java 定义的接口实际上是常量和抽象方法的集合。接口的存在很好地解决了"多继承"的问题。同时，一个接口可以被多个子类实现，因此接口中的方法在不同的子类中可以有不同的具体功能（操作方法）。

Java 中通过关键字 interface 来定义接口，接口定义的具体格式如下：

```
[public] interface 接口名 [extends 父接口名表]{
    接口体
}
```

接口中接口名的命名必须满足标识符的定义规则。接口名可以由多个单词组成，每个单词的首字母一般为大写。接口体中定义的所有方法都是公共的抽象方法（public abstract），这些方法只有方法声明，没有方法体。在接口中除了定义抽象方法以外，还可以定义常量。

Java 中的类通过关键字 implements 来实现接口，接口实现的具体格式如下：

```
class 类名 implements 接口名表{
    类体
}
```

接口与抽象类相似，它也不能被实例化。接口的实现依赖于类，在实现接口的类中，需要对接口中定义的所有方法进行方法重写，即在类中重新定义方法体。如果没有对所有方法进行重写，则会导致编译错误。

任务 5 中的类 CircleCalculate 和类 RectangleCalculate 都实现了接口 ShapeCalculate，所以这两个类都需要对接口中定义的方法 Calculate( ) 和方法 perimeterCalculate( ) 进行方法重写，并且类 CircleCalculate 和类 RectangleCalculate 分别标识了圆形和长方形，因此通过接口中方法的重写实现了“同一方法，不同操作”的功能。

接口也可以作为一种特殊的数据类型使用。

【例 5-4】 接口作为数据类型的应用。

```
1    interface Person{
3        public abstract void Identity();
4    }
4    class Student implements Person{
5        public void Identity(){
6            System.out.println("人员身份:学生");
7        }
8    }
9    class Teacher implements Person{
10       public void Identity(){
11           System.out.println("人员身份:教师");
12       }
13   }
14   class PersonMessage{
15       public void showMessage(Person person){ //接口 Person 作为方法的参数类型
16           person. Identity();
17       }
18   }
19   public class TestInterface{
20       public static void main(String args[]){
21           Student student = new Student();
22           Teacher teacher = new Teacher();
23           PersonMessage teacherMs = new PersonMessage();
24           student. Identity();
25           teacherMs.showMessage(teacher);
26       }
27   }
```

程序分析：

第 1 行：定义接口 Person。

第 2 行：定义方法 Identity( )。

第 4 ~ 8 行：定义类 Student 实现接口 Person，并重写方法 Identity( )。

第 9 ~ 13 行：定义类 Teacher 实现接口 Person，并重写方法 Identity( )。

第 14 行：定义类 Task。

第 15 ~ 17 行：接口 Person 作为方法 showMessage( ) 的参数类型。

第 21 ~22 行：创建对象。

第 24 行：将表示接口的实参 teacher 传给方法 showMessage( )。

以上代码的运行结果如图 5-10 所示。

```
Problems  @ Javadoc  Declaration  Console
<terminated> TestInterface [Java Application] C:\Program Files\Java\
人员身份：学生
人员身份：教师
```

图 5-10　运行结果

上例中类 Student 和类 Teacher 实现了接口 Person，并对接口定义的方法 Identity( )进行了方法重写。在类 PersonMessage 中定义的方法 showMessage( )以接口 Person 作为形参类型定义了一个变量 person。此时，当类 PersonMessage 的方法 showMessage( )被调用时，方法会将属于 Person 接口类的对象 teacher 作为实参进行传递。

本章小结

本章主要介绍了继承的概念、继承的实现、抽象类的作用、方法重写、接口，以及用接口实现多继承等内容。

Java 是一种面向对象程序设计语言，它具有继承性和多态性等特点。

继承是指一个新的类继承于某个父类后，这个类既具有其父类的部分特性，同时又增加了新的特性，使得该类与其父类既有相似性，又有所区别。在继承关系中，被继承的类称为父类，继承某个父类的类称为子类。继承体现了类定义的可扩展性，有效实现了代码复用。继承通过关键词 extends 实现，并且 Java 仅支持单继承。

多态是 Java 的一个重要特点，多态可以分成两种形式：编译多态（Compile-time Polymorphism）和运行多态（Run-time Polymorphism）。系统在编译时，根据参数的不同选择响应不同的方法称为编译多态。编译多态主要有方法重载。方法重载是指在同一类中有多个同名方法，这些方法虽然具有相同的方法名，但是具有不同参数和方法体。在程序运行时才可以确认响应的方法称为运行多态。运行多态主要有方法重写。方法重写时，在继承过程中不同的类中具有同名的方法，这些方法具有相同的方法名和参数，具有不同的方法体。

抽象类是对一组具体实现的抽象性描述，所以通常抽象类不能被实例化，只用来派生子类。在抽象类中，既可以定义抽象方法，也可以定义非抽象方法。如果在抽象类中定义了抽象方法，则在抽象类派生出的子类中必须重写该抽象方法，从而实现不同子类的不同功能。

接口实质是一组方法和常量的集合，接口中的方法只有方法声明，没有方法体。Java 中通过关键字 interface 来定义接口，在类中通过 implements 来实现接口，实现接口的类必须对接口中所有的方法进行方法重写。接口解决了 Java 语言不能实现“多继承”的问题。

第6章　图形用户界面

图形用户界面（Graphics User Interface，GUI）主要是指使用图形的方式，借助菜单、按钮等界面元素和鼠标等操作，帮助用户更为方便地操作软件。本章主要介绍了图形用户界面开发中常用的类库、界面和容器的概念、界面的布局方式、常用组件和高级组件及菜单的设计等内容。

6.1　任务1：创建"Hello World"图形用户界面

【知识要点】
- AWT和Swing概述。
- 容器概述。
- JFrame容器。
- JPanel容器。

【典型案例】创建"Hello World"图形用户界面。

6.1.1　详细设计

本程序实现创建内容为"Hello World"的图形用户界面，代码如下：

```
1    import java.awt.*;
2    import javax.swing.JLabel;
3    public class Frame_Test{
4        public static void main(String[] args){
5            Frame f = new Frame("标题 - Java 图形用户界面");
6            Panel p1 = new Panel();
7            JLabel lab = new JLabel("Hello World");
8            f.setSize(300,150);
9            f.setVisible(true);
10           f.setBackground(Color.green);
11           f.add(p1);
12           p1.add(lab);
13       }
14   }
```

程序分析：

第1~2行：添加AWT和Swing库。

第3行：创建类Frame_Test。

第5行：创建图形用户界面，并设置界面的标题。

第6行：创建类Panel的对象p1。

第7行：创建属于类JLabel的对象，并设置在标签中显示的内容。

第8行：设置界面的宽度和高度。

第9行：设置界面的可见性。

第 10 行：设置界面的背景颜色。

第 11 行：将面板 p1 添加到界面中。

第 12 行：将标签 lab 添加到面板 p1 中。

6.1.2　运行

本程序利用类 Frame 创建一个标题为 "Java 图形用户界面" 的图形用户界面，并在界面中放入容器（Panel）p1，在容器 p1 中放入标签（Label）lab，并设定图形界面的大小、可见性和背景。

以上代码运行后，将打开一个新的图形界面窗口，运行结果如图 6-1 所示。

图 6-1　运行结果

6.1.3　知识点分析

Java 提供了丰富的图形类库帮助开发人员开发 GUI 程序。到目前为止，Java 中有两个实现图形界面的机制，早期版本中的 AWT（Abstract Window ToolKit，抽象窗口工具集）和现在常用的 Swing。

1. AWT 概述

在 Java 1.0 和 Java 1.1 中，使用的 GUI 库是 AWT。通过 AWT 的调用，可以让程序开发人员构建一个通用的 GUI，并使其在所有平台上都能正常显示，即 AWT 可以用于设计与平台无关的 GUI 程序。

AWT 的特点如下：

1）AWT 组件使得编写的 GUI 在不同平台下会出现不同的运行效果（窗口外观、字体等的显示效果会发生变化）。

2）组件在设计时不宜采用绝对定位，而应采用布局管理器来实现相对定位，以达到与平台及硬件设备无关的效果。

java. awt 包包含了 AWT 的所有类和接口，其组成和功能见表 6-1。

表 6-1　java. awt 包

包	说　明
java. awt	AWT 核心包，包括基本组件及其相关类和接口等
java. awt. color	颜色定义及其空间
java. awt. datatransfer	数据传输和剪贴板功能
java. awt. dnd	图形化用户界面之间实现拖曳功能
java. awt. event	事件及监听器类
java. awt. font	字体
java. awt. geom	图形绘制
java. awt. image	图像处理
java. awt. print	打印

2. Swing 概述

AWT 组件及其事件响应不够丰富，因此 Sun 在后来新增了 Swing GUI 组件。Swing 是一个轻量级的 Java 组件，它是围绕实现 AWT 各个部分的 API 构筑的。Swing 组件既包括了 AWT 中已经提供的 GUI，也包括一些高层次的 GUI 组件，同时它沿用了 AWT 的事件处理模型。开发人员可以利用 Swing 丰富、灵活的功能和模块化组件来创建优雅的用户界面。在应用时，工具包中所有的包都是以 swing 作为名称。

3. 容器（Container）概述

图形用户界面（GUI）通常由一些图形化的元素组成，这些元素称为控件（Controls），常见的控件包括文本框、按钮等。控件可以实现用户与程序之间的交互，并将可视化的程序状态反馈给用户。不过这些控件并不是单独存在的，它们必须放在容器（Container）中。因此，容器一般用来包含所有的控件，并且控制其中所有组件的布局。容器本身也是组件，所以在容器之中也可以包含容器。

容器是实现图形界面的最基础的单元，它的内部可以包含许多其他界面元素，也可以包含另一个容器，容器内部的容器还可以包含很多的其他的界面元素。

容器的特点如下：

1）容器有一定的范围。一般容器都是矩形的，它的高度和宽度决定了容器的范围。容器包含的元素也被限定在这个范围内，同时容器也需要负责响应它范围内的事件。创建容器时需要指明容器的高度和宽度，有些容器不存在边界。

2）容器有一定的位置。位置既可以是容器相对于屏幕的绝对位置，也可以是相对于其他容器边框的位置。容器的位置一般由它左上或右下的坐标来确定。

3）容器的背景。容器的背景覆盖整个容器。容器的背景可以由程序开发人员进行设定，如设置为透明、单色、一个图案或图片等。

4）容器中的其他元素将随着容器的打开而打开、关闭而隐藏。

5）容器可以按一定的规则来安排容器内各种元素的布局，如 FlowLayout（流式布局）、BorderLayout（边界布局）等。

6）容器内可以包含其他容器。

Java 中的容器如下：

1）Window、Frame、Dialog、FileDialog 等都是有边框的容器组件，它们可以移动、放大、缩小、关闭等。

2）Panel（为组件提供空间）和 Applet 是无边框的容器组件。

3）ScrollPane 是具有边框且带有滚动条的容器组件。

容器组件中最常用的方法如下：

1）add()，用于添加其他组件。

2）setLayout()，用于设置容器内各个组件的布局方式。

4. Frame 容器

类 Frame 继承于类 Window，而类 Window 继承于类 Container。类 Window 只有简单的窗口框，没有通用的标题栏、边框等，所以程序开发时常用类 Frame。本书编程时所使用的是类 JFrame。

（1）JFrame 的构造函数

```
public JFrame([String title])
```

JFrame 是带有标题和边界的顶层窗口，它的默认布局是 BorderLayout。通过以下构造函数可以创建 JFrame 对象，例如：

```
JFrame f1 =new JFrame();                          //创建一个无标题的窗口 f1
JFrame f2 =new JFrame("title1");                  //创建一个标题为 title1 的窗口 f2
```

（2）JFrame 的常用方法

```
public void setTitle(String title)                //设置标题
public void setSize(int width,int height)         //设置宽和高
public void setVisible(boolean v)                 //设置窗口是否可见
public void setResizable(boolean b)               //是否可调大小
public void setIconImage(Image m)                 //设置窗口图标
public void setLocation(int x,int y)              //设置位置
public void setBounds(int x,int y,int w,int h)    //设置窗口边界
public void setMenuBar(MenuBar m)                 //设置菜单
```

5. JPanel 容器

JPanel 是一个无边框容器，也称为面板。程序中的其他组件需要放在面板内，在面板内也可以放置其他面板。JPanel 不可以独立出现在界面上，必须放在某 Container 中才可以。在使用时定义数据 JPanel 类的对象，并将对象添加在某 Container 中。

（1）JPanel 的构造函数

```
public JPanel([LayoutManager layout])
```

例如：

```
JPanel pnl =new JPanel();                    //创建一个面板容器 pnl
JPanel pnlMain =new JPanel(Flowlayout); //创建一个具有流式布局的面板容器 pnlMain
```

（2）JPanel 的常用方法

```
public void setLayout(LayoutManager layout)      //设置面板内组件的布局方式
public void add(Component comp)                  //添加组件
public void setBorder()                          //设置面板的边框样式
```

6.2 任务 2：按钮布局演示

【知识要点】
- 布局管理器。
- FlowLayout 布局。
- BorderLayout 布局。
- CardLayout 布局。
- GridLayout 布局。
- GridBagLayout 布局。
- NULL 布局。

【典型案例】按钮布局演示。

6.2.1 详细设计

本程序实现 FlowLayout、BorderLayout、CardLayout、GridLayout 4 种不同的按钮布局，代码如下：

```
1    import java.awt.*;
2    import javax.swing.*;
3    public class LayoutTest extends JFrame{
4        JButton btn1,btn2,btn3,btn4,btn5;
5        JPanel mainPan;
6        FlowLayout fLayout;
7        GridLayout gLayout;
8        BorderLayout bLayout;
9        CardLayout cLayout;
10       public LayoutTest(String layoutstyle){
11           super("布局方式:" + layoutstyle);
12           mainPan = new JPanel();
13           fLayout = new FlowLayout(FlowLayout.LEFT);
14           gLayout = new GridLayout(3,2);
15           bLayout = new BorderLayout();
16           cLayout = new CardLayout(10,10);
17           if(layoutstyle == "fLayout")
18               mainPan.setLayout(fLayout);
19           else if(layoutstyle == "gLayout")
20               mainPan.setLayout(gLayout);
21           else if(layoutstyle == "bLayout")
22               mainPan.setLayout(bLayout);
23           else if(layoutstyle == "cLayout")
24               mainPan.setLayout(cLayout);
25           else
26               System.out.print("布局方式输入错误!");
27           getContentPane().add(mainPan);
28           btn1 = new JButton("按钮 1");
29           btn2 = new JButton("按钮 2");
30           btn3 = new JButton("按钮 3");
31           btn4 = new JButton("按钮 4");
32           btn5 = new JButton("按钮 5");
33           if(layoutstyle == "fLayout" ||layoutstyle == "gLayout")
34           {
35               mainPan.add(btn1);
36               mainPan.add(btn2);
37               mainPan.add(btn3);
38               mainPan.add(btn4);
39               mainPan.add(btn5);
40           }
41           if(layoutstyle == "bLayout" ||layoutstyle == "cLayout")
42           {
43               mainPan.add(btn1,"East");
44               mainPan.add(btn2,"South");
45               mainPan.add(btn3,"West");
46               mainPan.add(btn4,"North");
47               mainPan.add(BorderLayout.CENTER,btn5);
48           }
49           setSize(250,150);
```

```
50          setVisible(true);
51          setDefaultCloseOperation(EXIT_ON_CLOSE);
52      }
53   }
54   public static void main(String args[]){
55      new LayoutTest("fLayout");
56      new LayoutTest("gLayout");
57      new LayoutTest("bLayout");
58      new LayoutTest("cLayout");
59   }
```

程序分析:

第 1 ~ 2 行：添加 AWT 和 Swing 库文件。

第 3 行：创建类 LayoutTest 继承于类 JFrame。

第 6 ~ 9 行：定义布局方式。

第 10 行：定义构造函数。

第 13 ~ 16 行：创建 4 种布局方式的对象。

第 17 ~ 26 行：判断采用何种布局方式。

第 28 ~ 32 行：创建 5 个按钮类的对象。

第 33 ~ 40 行：定义 FlowLayout 或者 GridLayout 的布局方式。

第 41 ~ 48 行：定义 BorderLayout 或者 CardLayout 的布局方式。

第 49 行：设置界面宽度和高度。

第 50 行：设置界面的可见性。

第 51 行：设置窗口关闭时的默认操作。

6.2.2　运行

本程序在界面中放入容器，在容器中放入 5 个按钮，并设定了容器中按钮采用不同的布局方式，分别是 FlowLayout（流式布局）、GridLayout（网格布局）、BorderLayout（边界布局）、CardLayout（卡片布局）。

以上代码的运行结果如图 6-2 ~ 图 6-5 所示。

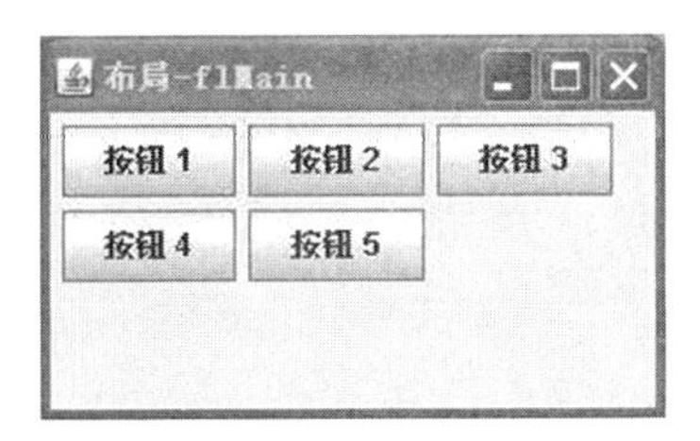

图 6-2　FlowLayout 布局

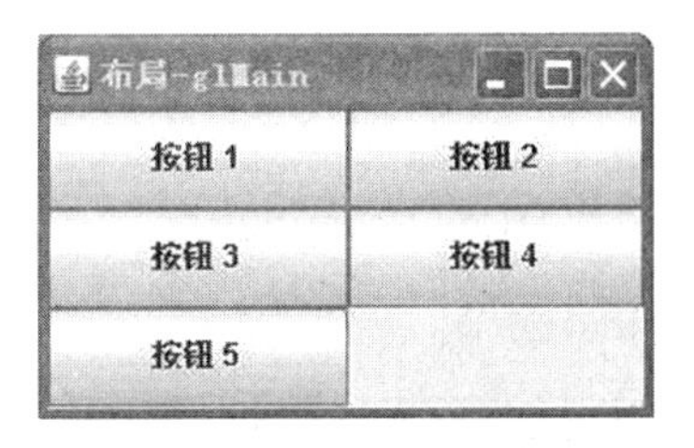

图 6-3　GridLayout 布局

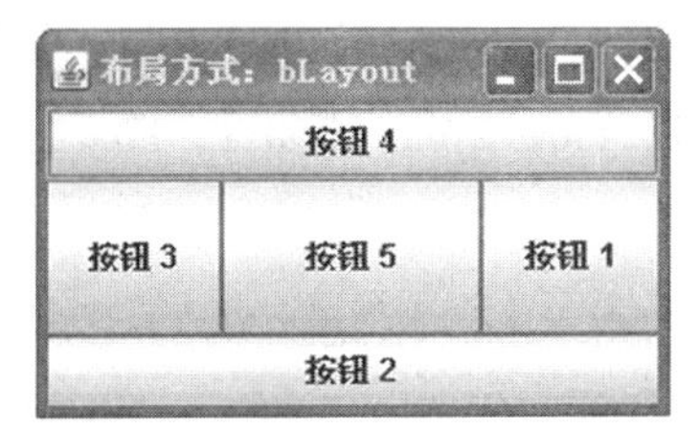

图 6-4　BorderLayout 布局

图 6-5　CardLayout 布局

6.2.3 知识点分析

1. 布局管理器

在进行界面设计时，一般通过选择合适的控件，并精心设计这些控件的位置布局来实现用户界面。但是在程序运行过程中，例如如果表单被改变了大小，则控件的布局也可能会随之发生改变。如界面拉伸或者缩小时，则表单的内容会显得非常不协调。为了避免这种情况，Java 提供了布局管理器（LayoutManager）来管理相关的组件，控制容器内的各个组件的摆放状态（组件大小及相对位置等）。这样做既可以有序地摆放组件，同时也可以在窗口发生变化时会自动更新版面并调整窗口的大小。

注意： Java 中容器和布局管理是分离的，也就是说，容器中组件的添加和组件的布局之间是分离的。

Java 中的布局有以下几种：

1）FlowLayout（流式布局）：这种布局将组件从上到下、从左到右依次摆放，每行均居中，它是 Panel、Applet 的默认布局。

2）BorderLayout（边界布局）：这种布局将容器内的空间划分为东、南、西、北、中 5 个方位，布局时需要指明组件所在的方位，它是 Window、Dialog、Frame 的默认布局方式。

3）CardLayout（卡片布局）：这种布局将组件像卡片一样放置在容器中，在某一时刻只有一个组件可见。

4）GridLayout（网格布局）：这种布局类似于一个无框线的表格，每个单元格中放置一个组件。

5）GridBagLayout（网格袋布局）：这种布局类似于一个无框线的表格，每个单元格中放一个组件，其放置方式是按组件加入的顺序从左到右、从上到下地摆放。放置在面板上的组件大小都是一样的。

6）NULL（空布局）：如果开发人员不想采用以上几种布局，那么就可以采用 NULL 布局。NULL 布局允许开发人员对组件进行绝对定位，但是一般不提倡采用这种布局方式，因为这种布局方式将无法保证在不同的平台下，界面所呈现的界面布局呈现预期的效果。

在实际应用时，开发人员首先需要创建指定布局方式类的对象，然后调用容器类的方法 setLayout( )来指定所需的布局方式，例如：

```
FlowLayout fLayout = new FlowLayout(FlowLayout.LEFT);
mainPan.setLayout(fLayout);
```

2. FlowLayout 布局

FlowLayout 的构造方法有以下 3 种：

```
public FlowLayout()                          //按默认居中方式放置组件
public FlowLayout(int alignment)             //按指定对齐方式放置组件
```

其中，参数 alignment 的取值有 FlowLayout. LEFT，FlowLayout. RIGHT，FlowLayout. CENTER（默认值）。

```
public FlowLayout(int alignment,int h,int v)     //按指定对齐方式放置组件
```

其中，参数 h 表示组件水平间隔距离，单位为像素；v 表示组件上下间隔距离，单位为像素。

3. BorderLayout 布局

BorderLayout 布局的构造方法有以下两种：

```
public BorderLayout()                    //按默认方式放置组件
public BorderLayout(int h,int v)         //指定组件间隔
```

其中，参数 h 表示组件水平间隔距离，单位为像素；v 表示组件上下间隔距离，单位为像素。

BorderLayout 布局的版面配置如图 6-6 所示。

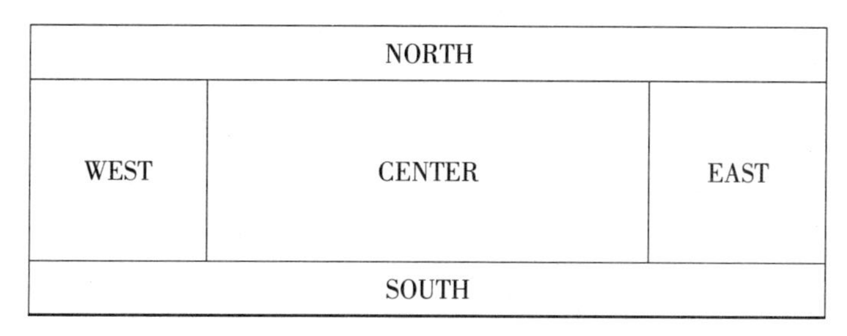

图 6-6　BorderLayout 布局的版面配置

开发人员可以通过使用容器的方法 add( )将组件加入到容器内，同时指定组件的放置位置，例如：

```
Frame f =new Frame()                     //创建窗口 f
Button b =new Button("按钮");            //创建按钮 b
f.add(b,"East");                         //将按钮 b 加到窗口 f 的东面
```

4. CardLayout 布局

CardLayout 布局的构造方法有以下两种：

```
public CardLayout()                      //按默认居中方式放置组件
public CardLayout(int h,int v)           //按指定对齐方式放置组件
```

其中，参数 h 表示卡片各边和容器的水平间隔距离，单位为像素；v 表示卡片各边和容器的上下间隔距离，单位为像素。

CardLayout 布局的常用方法如下：

```
void first(Container parent)             //显示容器 parent 中的第一张卡片
void last(Container parent)              //显示容器 parent 中的最后一张卡片
void next(Container parent)              //显示容器 parent 中的下一张卡片
void show(Container parent,String name)  //显示容器 parent 中的名称为 name 的卡片
```

5. GridLayout 布局

GridLayout 布局的构造方法有以下两种：

```
public GridLayout(int rows,int columns)  //按指定行数和列数放置组件(从左到右、从上到下摆放)
```

其中，参数 rows 和 columns 分别表示将容器均匀地划分为一个 rows 行 columns 列的表格。

```
public GridLayout(int rows,int columns,int h,int v)   //按指定方式放置组件
```

其中，参数 h 表示各组件的水平间隔距离，单位为像素；v 表示各组件的上下间隔距离，单位为像素。

6. GridBagLayout 布局

GridBagLayout 是 Java 中一种更为灵活的行列网格布局，它允许组合合并单元格后放置，即组件在水平或垂直方向上可以占用一个或多个单元格，从而使布局中的组件大小可以不一样。该布局管理提供了更灵活的网格布局方式，可以使开发人员更方便地设计界面布局。

由于 GridBagLayout 所有版面配置的设定都是由 GridBagConstraints 类对象的各种属性值来完成的，所以下面先介绍 GridBagConstraints 类的相关内容。

GridBagConstraints 类的常用属性如下：

```
public int anchor
```

该属性的作用：当组件大小比显示区域网格小时，指明组件所在位置。该属性的取值如下：CENTER（居中，默认值）、NORTH（北）、NORTHEAST（东北）、EAST（东）、SOUTHEAST（东南）、SOUTH（南）、SOUTHWEST（西南）、WEST（西）、NORTHWEST（西北）。

```
public int fill
```

该属性的作用：指明组件填充显示区域的情况。该属性的取值如下：NONE（不改变组件大小）、HORIZONTAL（组件高度不变，水平填满显示区域）、VERTICAL（组件长度不变，垂直填满显示区域）、BOTH（水平和垂直方向都填满显示区域）。

```
public int gridwidth
public int gridheight
```

这两个属性分别指明组件在一行或列中占几个单元格，默认为 1。该属性可以实现单元格的合并。

```
public int weigthx
public int weighty
```

这两个属性分别指定组件之间如何分配水平方向和垂直方向的空间，它们只是一个相对值。

7. NULL 布局

NULL 布局指定组件在面板上的位置和大小的方法如下：

1）先用方法 setSize(int width,ing height)来指定组件的大小，再用方法 setLocation(int x,int xx,int y,int yy)来指定组件的位置。

2）利用 setBounds(int x,int y,int w,int h)（数 x、y 指定组件左上角在容器中的坐标，w、h 指定组件的宽和高）来制定组件的大小和位置。

6.3　任务 3：创建登录界面

【知识要点】
- 事件处理概述。
- WindowEvent 事件处理。
- KeyEvent 事件处理。
- MouseEvent 事件处理。

【典型案例】创建登录界面。

6.3.1　详细设计

本程序实现登录界面的创建，在登录界面中包含用户名、密码的输入，以及“确定”和“取消”按钮，代码如下：

```
1    import javax.swing.*;
2    import java.awt.*;
3    import java.awt.event.*;
4    public class LoadIn extends JFrame implements ActionListener{
5        JPanel loginPan;
6        JButton btnLogin,btnExit;
7        JLabel lblUser,lblPassword,lblLogo;
8        JTextField txtUser;
9        JPasswordField pwdPassword;
10       Dimension dsSize;
11       Toolkit toolkit = Toolkit.getDefaultToolkit();
12       public LoadIn(){
13           super("登录界面");
14           loginPan = new JPanel();
15           this.getContentPane().add(loginPan);
16           lblUser = new JLabel("用户名:");
17           lblPassword = new JLabel("密  码:");
18           txtUser = new JTextField(20);
19           pwdPassword = new JPasswordField(20);
20           btnLogin = new JButton("确定");
21           btnExit = new JButton("取消");
22           btnLogin.addActionListener(this);
23           btnExit.addActionListener(this);
24           Font fontstr = new Font("宋体",Font.PLAIN,13);
25           lblUser.setFont(fontstr);
26           txtUser.setFont(fontstr);
28           lblPassword.setFont(fontstr);
29           pwdPassword.setFont(fontstr);
30           btnLogin.setFont(fontstr);
31           btnExit.setFont(fontstr);
32           lblUser.setForeground(Color.BLACK);
33           lblPassword.setForeground(Color.BLACK);
34           btnLogin.setBackground(Color.LIGHT_GRAY);
35           btnExit.setBackground(Color.LIGHT_GRAY);
36           loginPan.add(lblUser);
37           loginPan.add(txtUser);
38           loginPan.add(lblPassword);
39           loginPan.add(pwdPassword);
40           loginPan.add(btnLogin);
41           loginPan.add(btnExit);
```

```
42          loginPan.setLayout(null);
43          lblUser.setBounds(30,10,60,25);
44          lblPassword.setBounds(30,40,60,25);
45          txtUser.setBounds(80,10,150,25);
46          pwdPassword.setBounds(80,40,150,25);
47          btnLogin.setBounds(40,80,80,25);
48          btnExit.setBounds(140,80,80,25);
49          setResizable(false);
50          setSize(280,150);
51          setVisible(true);
52      }
53      public void actionPerformed(ActionEvent ae){
54          if(ae.getSource() = =btnLogin){
55              if((txtUser.getText().equals("user")) &&(pwdPassword. equals("
user")))
56                  JOptionPane.showMessageDialog(null,"登录成功!");
57              else
58                  JOptionPane.showMessageDialog(null,"用户名或者密码错误!");
59          }
60          if(ae.getSource() = =btnExit)
61              System.exit(0);
62          }
63          public static void main(String args[]){
64              LoadIn load =new LoadIn();
65          }
66      }
```

程序分析：

第 1 ~ 3 行：添加 Swing、AWT 和 Event（事件）库。

第 4 行：创建类 LoadIn 继承于类 JFrame，实现接口 ActionListener（事件监听器）。

第 5 ~ 10 行：定义变量。

第 12 行：定义构造方法。

第 13 行：设置界面标题。

第 14 ~ 15 行：定义容器并添加到界面中。

第 16 ~ 21 行：定义各个组件：标签（用户名、密码）、文本框、密码框、按钮（确定、取消）。

第 22 ~ 23 行：为确定和取消按钮添加监听器（方法）。

第 24 行：设置文本格式。

第 25 ~ 31 行：设置组件的文本格式。

第 32 ~ 35 行：设置标签（用户名、密码）、按钮（确定、取消）的背景颜色。

第 36 ~ 41 行：将组件添加到容器中。

第 42 行：采用 NULL 布局。

第 43 ~ 48 行：设置各个组件在容器中的位置。

第49~51行：设置界面的大小、可见性、是否可改变大小。

第54~61行：判断输入的用户名和密码是否正确，如果正确，则输出“登录成功!”；如果不正确，则输出“用户名或密码不正确!”。

6.3.2 运行

本程序创建了标题为“登录界面”的图形用户界面，在界面中添加了布局方式为NULL的容器，并在容器中添加了标签（JLabel）：用户名、密码、文本框（JTextField）、密码框（JPasswordField）、“确定”按钮和“取消”按钮（JButton）。同时，为按钮添加监听器，单击“确定”按钮时，如果输入的用户名和密码均为user，则弹出“登录成功!”的对话框；如果输入用户名和密码不正确，则弹出“用户名或者密码错误!”的对话框。单击“取消”按钮时，则关闭当前图形用户界面。

以上代码的运行结果如图6-7所示。

如果输入的用户名和密码正确（正确的用户名和密码均为user），则弹出如图6-8所示的界面。

如果输入的用户名或密码不正确，则弹出如图6-9所示的界面。

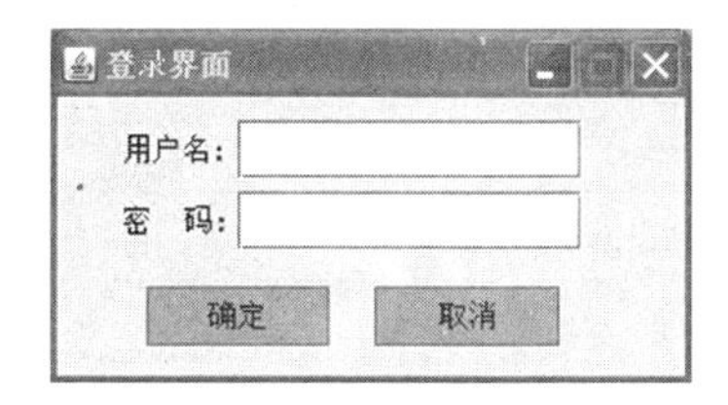

图6-7 登录界面

消息
登录成功!
确定

图6-8 登录成功界面

图6-9 登录不成功界面

6.3.3 知识点分析

1. 事件处理

事件是用户对程序某一种功能的操作。自JDK 1.1以后，Java的事件处理模式都是以委托事件模式（Delegation Event Model）来处理用户所触发的事件。

事件处理需要注意以下3个方面：

1）事件产生的来源（Source）。也就是说，哪个组件引发了事件，如按钮Button被单击，则事件来源就是按钮。

2）要处理什么事件。一般来说，事件和组件是相对应的，什么样的组件就会相应地触发什么样的事件，一个组件可能会触发多个事件，因此开发人员需要按照具体情况进行事件处理的设计。Java中对哪个组件进行什么事件处理之前，必须先给这个组件所对应的组件进行注册。注册的方法是为组件加上事件监听器，即“addXXXListener”。如上例中按钮组件采用方法addActionListener( )来添加监听器。

3）编写事件处理程序。用户通过编写程序来实现对每个特定事件发生时做出响应，这些响应代码会在对应的事件发生时被系统调用。如上例在方法actionPerformed(ActionEvent ae）中为按钮事件描述具体的处理过程。

Java中的事件相关类基本都在java.awt.event包，它提供AWT事件所需的类和接口。事件可以分为两大类：低级事件和高级事件。低级事件一般是指如键盘、鼠标、窗口、焦点等一些低层次的事件；高级事件是指一些如按钮被单击等有意义的操作，如图6-10所示。

- Java. util. EventObjectEvent ← Java. awt. event
  - ComponentEvent（组件事件类）
    - ContainerEvent（容器事件类）
    - FocusEvent（聚焦事件类）
    - WindowEvent（窗口事件类）
    - InputEvent（输入事件类）
      - KeyEvent（键盘事件类）
      - MouseEvent（鼠标事件类）
  - ActionEvent（活动事件类）
  - AdjustmentEvent（调整事件类）
  - ItemEvent（项目事件类）
  - TextEvent（文本事件类）

图 6-10　AWT Event 架构图

表 6-2 所示为以上事件类及其相关内容。

表 6-2　AWT Event 相关内容

事件类	产生事件的组件	可使用的监听器
ActionEvent	Button	ActionListener
	List	
	MenuItem	
	TextField	
AdjustmentEvent	Scrollbar	AdjustmentListener
ItemEvent	Checkbox	ItemListener
	CheckboxMenuItem	
	Choice	
	List	
TextEvent	TextField	TextListener
	TextArea	
ComponentEvent		ComponentListener
FocusEvent		FocusListener
MouseEvent		MouseListener
WindowEvent		WindowListener
KeyEvent		KeyListener
ContainerEvent		ContainerListener

在实际过程中，事件处理的一般步骤如下：

1）定义事件的类并实现事件的监听器接口，例如：

```
public class MyApplet extends Applet implements ActionListener{…}
```

2）在创建组件时注册事件的监听器，例如：

```
Button b1 =new Button("按钮事件");
b1.addActionListener(this);
```

3）在事件处理类中重写事件处理的方法体，例如：

```
public void actionPerFormed(ActionEvent event){…}
```

2. WindowEvent

为窗口添加事件监听时的接口为 WindowListener，其抽象方法见表 6-3。

表 6-3　WindowEvent 的抽象方法

事 件 方 法	产 生 原 因
windowActivated(WindowEvent)	当窗口被激活时调用该方法
windowClosed(WindowEvent)	当窗口被关闭时调用该方法
windowClosing(WindowEvent)	当窗口正在关闭时（单击窗口右上角的“关闭”按钮时）
windowDeactivated(WindowEvent)	当窗口不处于活动状态时调用该方法
windowDeiconified(WindowEvent)	窗口非图标化时调用该方法
windowIconified(WindowEvent)	当窗口图标化时调用该方法（即被极小化时）
windowOpened(WindowEvent)	当窗口被打开时调用该方法

给窗口增加事件监听器的方法为 add WindowListener(this)。常用的关闭窗口的方法有 dispose()和 System. exit(0)。

类 Adapter 将所有相关的 Listener 的抽象方法都放在一起，程序开发人员在实现窗口关闭时可以只通过继承类 WindowAdapter，然后重写抽象类方法来实现。例如：

```
class MyWindow extends WindowAdapter
{
    public void windowClosing(WindowEvent e) {
        System.exit(0);
    }
}
```

表 6-4 所示为类 Adapter 对应的 Listener。

表 6-4　类 Adapter 对应的 Listener

Listener	类名称
WindowListener	WindowAdapter
MouseListener	MouseAdapter
MouseMotionListener	MouseMotionAdapter
KeyListener	KeyAdapter
ContainerListener	ContainerAdapter
FocusListener	FocusAdapter
ComponentListener	ComponentAdapter

3. KeyEvent

KeyEvent 实现对键盘事件的处理，它是类 InputEvent 的一个子类。KeyListener 接口中定义的方法如下：

```
public void keyPressed(KeyEvent e)          //按下键盘按键
```

```
public void keyReleased(KeyEvent e)        //释放键盘按键
public void keyTyped(KeyEvent e)           //按下一个可产生可见字符的按键
```

例如：要输入一个字母 a。KeyEvent 事件的操作过程如下。

1）按下 <a> 键：为 KE_a 调用方法 keyPressed( )。

2）输入字符 a：为字符 a 调用方法 keyTyped( )。

3）松开 <a> 键：为 KE_a 调用方法 keyReleased( )。

KeyEvent 类中提供的常用方法见表 6-5。

表 6-5　KeyEvent 类的几个常用方法

方　法	说　明
int getKeyCode( )	返回该事件中与键相关的整数 keyCode
void setKeyCode(int keyCode)	修改 keyCode
char getKeyChar( )	返回该事件中与键相关联的字符
void setKeyChar(char keyChar)	修改 keyChar
static String getKeyText(int keyCodc)	返回描述 keyCode 的字符串，如"F1"
static String getKeyModifiersText(int modifiers)	返回描述诸如"Shift"或"Ctrl + Shift"的修改关键字的字符串

注意： keyCode 和 keyChar 不同，前者返回的是按键的编号，后者返回的是字符。

4. MouseEvent

MouseEvent 实现鼠标事件的处理，它是类 InputEvent 的另一个子类。鼠标事件分为两类：一类是在鼠标按键时产生的事件，使用的监听器为 MouseLisenter；另一类是在鼠标移动时产生的事件，使用的监听器为 MouseMontionListener。

MouseLisenter 接口中定义的方法如下：

```
mousePressed(MouseEvent e)                 //鼠标键被按下时调用
```

其中，参数 MouseEvent 是通过 getX 和 getY 方法获得点击时，鼠标指针的 x 和 y 坐标。

```
mouseReleased(MouseEvent e)                //鼠标键被释放时调用
mouseClicked(MouseEvent e)                 //完成一次鼠标点击事件时调用(即合并鼠标
按下和释放两个事件)
mouseEntered(MouseEvent e)                 //鼠标进入组件时调用
mouseExited(MouseEvent e)                  //鼠标离开组件时调用
getClickCount()                            //区分鼠标是单击/双击操作
```

MouseMotionListener 接口中定义的方法如下：

```
mouseMoved(MouseEvent e)                   //鼠标移动
mouseDragged(MouseEvent e)                 //用户拖动鼠标
```

6.4　任务 4：创建字体信息设置界面

【知识要点】
- AWT 组件。
- 标签。
- 按钮。

- 文本框。
- 文本区。
- 复选框。
- 单选按钮。
- 列表。
- 下拉列表框。
- 滚动条。

【典型案例】创建字体信息设置界面。

6.4.1　详细设计

本程序实现字体基本信息设置界面，代码如下：

```
1    import javax.swing.*;
2    import java.awt.*;
3    public class RegisterTest extends JFrame{
4        JPanel pnlMain;
5        JLabel lblUser,lblPassword,lblSurePassword,lblSex,lblIdentify,
lblHobby,lblCity;
6        JTextField txtUser;
7        JPasswordField pwdPassword1,pwdPassword2;
8        JRadioButton rbtnMale,rbtnFemale;
9        JCheckBox chk1,chk2,chk3;
10       JButton btnExit,btnLogin;
11       ButtonGroup grpSex;
12       List lstSize;
13       JComboBox cmbType;
14       String[] strType = {"身份证","学生证"};
15       public FontTest(){
16           super("注册页面");
17           lblUser = new JLabel("用 户 名:");
18           lblPassword = new JLabel("密　码:");
19           lblSurePassword = new JLabel("确认密码:");
20           lblUser.setSize(getMaximumSize());
21           lblSex = new JLabel("性　别:");
22           lblIdentify = new JLabel("有效证件:");
23           lblHobby = new JLabel("爱　好:");
24           lblCity = new JLabel("城　市:");
25           txtUser = new JTextField(10);
26           pwdPassword1 = new JPasswordField(10);
27           pwdPassword2 = new JPasswordField(10);
28           grpSex = new ButtonGroup();
29           rbtnMale = new JRadioButton("男");
30           grpSex.add(rbtnMale);
31           rbtnMale.setSelected(true);
32           rbtnFemale = new JRadioButton("女");
33           grpSex.add(rbtnFemale);
34           cmbType = new JComboBox(strType);
```

```
35          cmbType.setSelectedIndex(0);
36          chk1 = new JCheckBox("运动");
37          chk2 = new JCheckBox("音乐");
38          chk3 = new JCheckBox("阅读");
39          lstSize = new List();
40          lstSize.add("南京");
41          lstSize.add("苏州");
42          lstSize.add("无锡");
43          lstSize.add("常州");
44          lstSize.add("南通");
45          lstSize.add("宿迁");
46          lstSize.add("扬州");
47          lstSize.add("徐州");
48          lstSize.select(0);
49          btnLogin = new JButton("确定");
50          btnExit = new JButton("取消");
51          pnlMain = new JPanel();
52          pnlMain.add(lblUser);
53          pnlMain.add(txtUser);
54          pnlMain.add(lblPassword);
55          pnlMain.add(pwdPassword1);
56          pnlMain.add(lblSurePassword);
57          pnlMain.add(pwdPassword2);
58          pnlMain.add(lblSex);
59          pnlMain.add(rbtnMale);
60          pnlMain.add(rbtnFemale);
61          pnlMain.add(lblIdentify);
62          pnlMain.add(cmbType);
63          pnlMain.add(lblHobby);
64          pnlMain.add(chk1);
65          pnlMain.add(chk2);
66          pnlMain.add(chk3);
67          pnlMain.add(lblCity);
68          pnlMain.add(lstSize);
69          pnlMain.add(btnLogin);
70          pnlMain.add(btnExit);
71          pnlMain.setLayout(null);
72          lblUser.setBounds(30,10,60,25);
73          lblPassword.setBounds(30,40,60,25);
74          lblSurePassword.setBounds(30,70,60,25);
75          txtUser.setBounds(100,10,150,25);
76          pwdPassword1.setBounds(100,40,150,25);
77          pwdPassword2.setBounds(100,70,150,25);
78          lblSex.setBounds(30,100,60,25);
79          rbtnMale.setBounds(100,100,60,25);
80          rbtnFemale.setBounds(160,100,60,25);
81          lblIdentify.setBounds(30,130,60,25);
82          cmbType.setBounds(100,130,80,25);
```

```
83          lblHobby.setBounds(30,160,60,25);
84          chk1.setBounds(100,160,60,25);
85          chk2.setBounds(160,160,60,25);
86          chk3.setBounds(220,160,60,25);
87          lblCity.setBounds(30,190,60,25);
88          lstSize.setBounds(100,190,80,60);
89          btnLogin.setBounds(40,265,80,25);
90          btnExit.setBounds(160,265,80,25);
91          this.setContentPane(pnlMain);
92          setSize(300,340);
93          setVisible(true);
94      }
95      public static void main(String args[]){
96          new RegisterTest();
97      }
98  }
```

程序分析：

第 3 行：创建类 RegisterTest 继承于类 JFrame。

第 4 ~ 14 行：定义变量。

第 16 行：设置界面标题。

第 17 ~ 24 行：定义标签。

第 25 ~ 27 行：定义文本框和密码框。

第 28 ~ 33 行：定义单选按钮。

第 34 ~ 35 行：定义下拉列表框。

第 36 ~ 38 行：定义复选框。

第 39 ~ 48 行：定义列表。

第 49 ~ 50 行：定义“确定”和“取消”按钮。

第 52 ~ 70 行：在容器（界面）中添加组件。

第 71 ~ 90 行：采用 NULL 布局，布局组件在界面中的位置。

第 91 ~ 93 行：设置界面的大小、可见性等性质。

6.4.2　运行

本程序创建标题为“注册页面”的图形用户界面，在界面中添加布局方式为 NULL 的容器，并在容器中添加标签（JLabel）、文本框（JTextField）、密码框（JPasswordField）、单选按钮（JRadioButton）、复选框（JCheckBox）、下拉列表框（JComboBox）、列表（List）、“确定”和“取消”按钮（JButton）。

以上代码的运行结果如图 6-11 所示。

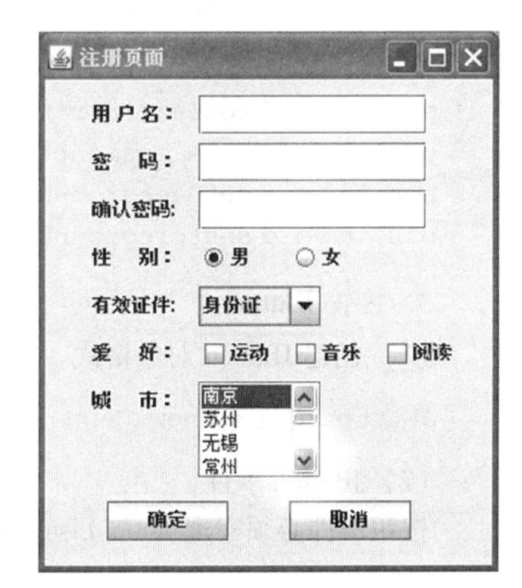

图 6-11　注册界面

6.4.3　知识点分析

1. Swing 组件

Swing 的组件都包括在组件类 Component 中，见表 6-6。

表 6-6　Swing 组件

<table>
<tr><td rowspan="14">类 Object</td><td rowspan="13">组件类 JComponent</td><td colspan="3">标签类 JLabel</td></tr>
<tr><td colspan="3">按钮类 JButton</td></tr>
<tr><td colspan="3">文本框类 JTextField</td></tr>
<tr><td colspan="3">文本区类 JTextArea</td></tr>
<tr><td colspan="3">密码框类 JPasswordField</td></tr>
<tr><td colspan="3">列表类 List</td></tr>
<tr><td colspan="3">下拉列表框类 JComboBox</td></tr>
<tr><td colspan="3">单选按钮类 JRadioButton</td></tr>
<tr><td colspan="3">复选框类 JCheckBox</td></tr>
<tr><td colspan="3">滚动条类 Scrollbar</td></tr>
<tr><td rowspan="3">容器类 Container</td><td colspan="2">面板类 JPanel</td></tr>
<tr><td rowspan="2">窗体类 Window</td><td>框架类 JFrame</td></tr>
<tr><td>对话框类 Dialog</td></tr>
<tr><td colspan="4">按钮组合类 JCheckboxGroup</td></tr>
</table>

其中，常用的组件有标签、按钮、文本框、文本区、单选按钮、复选框、下拉列表框等。

2. 标签 JLabel

（1）创建 JLabel 对象格式

```
JLabel 对象名 = new JLabel([String str])
```

例如：

```
JLabel L1 = new JLabel("This is a Label!")
JLabel 对象名 = new JLabel(String str,int align)
```

其中，参数 align 表示标签的位置，它的取值为 Label. LEFT、Label. RIGHT、Label. CENTER。

（2）JLabel 的常用方法

```
public String getText()                    //得到标签文本
public void setText(String s)              //为标签设置只读文本信息
public void setAlignment(int align)        //设置对齐方式
public void setBackground(Color c)         //设置背景颜色
public void setForeground(Color c)         //设置字体颜色
```

3. 按钮 JButton

（1）创建 JButton 对象格式

```
JButton 对象名 = new JButton([String str])
```

（2）JButton 事件

按钮事件必须实现 ActionListener 接口，例如：

```
public class B implements ActionListener
JButton btn = new JButton();
```

```
btn.addActionListener(this);          //按钮加事件监听器
```

然后重写方法 actionPerformed( )编写具体事件处理内容，例如：

```
public void actionPerformed(ActionEvent e)
{
    if(e.getSource() = =btn)
    System.out.println("按钮被点击!");
}
```

4. 文本框 JTextField

（1）创建 JTextField 对象格式

```
JTextField 对象名 =new JTextField([String str])
JTextField 对象名 =new JTextField(int n)
JTextField 对象名 =new JTextField(String str,int n)
```

其中，参数 str 表示文本框内容，参数 n 表示列数。

（2）JTextField 事件

如果在文本框中按〈Enter〉键，则将会引发 ActionEvent 事件，此时需要实现 ActionListener 接口，并重写其中的方法 actionPerformed( )。如果文本框中的内容发生了改变，则将引发 TextEvent 事件，此时需要实现 TextListener 接口，并重写其中的方法 textValueChanged( )。

（3）JTextField 的常用方法

```
public String getText()                    //取得文本框内容
public String getSelectedText()            //取得文本框中被选择的内容
public void setText(String s)              //设置文本框的内容
public void setEchoChar(char c)            //设置回显字符
public void setEditable(boolean b)         //设置文本框是否可以编辑
public void setBackground(Color c)         //设置背景颜色
public void setForeground(Color c)         //设置前景颜色
```

5. 文本区 JTextArea

（1）创建 JTextArea 对象格式

```
JTextArea 对象名 =new JTextArea()
JTextArea 对象名 =new JTextArea(int r,int c)
JTextArea 对象名 =new JTextArea(String s,int r,int c,int scroll)
```

其中，参数 r 表示行数，c 表示列数，scroll 表示滚动条。scroll 的取值如下：

```
TextArea.SCROLLBARS_BOTH                   //水平和垂直滚动条都有
TextArea.SCROLLBARS_HORIZONTAL_ONLY        //只有水平滚动条
TextArea.SCROLLBARS_VERTICAL_ONLY          //只有垂直滚动条
TextArea.SCROLLBARS_NONE                   //没有滚动条
```

（2）JTextArea 事件

当文本区内容发生变化时，会引发 TextEvent 事件，此时通过实现 TextListener 接口，并重写其中的抽象方法 textValueChanged( )实现具体的操作。同时，需要对文本区对象添加事件监听器：

```
对象名.addTextListener(this);
```

(3) JTextArea 的常用方法

```
public String getText()                         //取得文本区内容
public void setText(String s)                   //设置文本区内容
public void append(String s)                    //将 s 追加到文本区中
public int getCaretPosition()                   //取得当前插入位置
public void insert(String s,int p)              //在位置 p 处插入 s
public String getSelectedText()                 //取得选定文本
public int getSelectionStart()                  //取得选定文本的起始位置
public int getSelectionEnd()                    //取得选定文本的结束位置
public void replaceRange(String ss,int s,int e)
                                                //用 ss 代替文本区从 s 开始到 e 结束的内容
```

6. 复选框 JCheckbox

(1) 创建 JCheckbox 对象格式

```
JCheckbox 对象名 = new JCheckbox([String str])
JCheckbox 对象名 = new JCheckbox(String s,boolean t)
```

(2) JCheckbox 事件

当复选框选择或取消变化时会引发 ItemEvent 事件，此时需要通过实现 ItemListener 接口，并重写其中的抽象方法 itemStateChanged()实现具体的操作。同时，需要给复选框对象添加事件监听器：

```
对象名.addItemListener(this);
```

(3) JCheckbox 的常用方法

```
public void setState(boolean state)        //设置复选框状态
public boolean getState()                  //取得复选框状态
public String getLabel()                   //取得复选框标题
```

7. 单选按钮 JRadioButton

与复选框可以选择多个选项不同，单选按钮只能在多个选项中选择一项。

(1) 创建 JRadioButton 对象格式：

```
JRadiobutton 对象名 = new JRadiobutton([String str])
JRadiobutton 对象名 = new JRadioButton(String s,boolean 是否选中)
```

(2) JRadiobutton 事件

参见复选框事件。

(3) JRadiobutton 的常用方法

```
public void setSelected(boolean state)  //设置单选按钮状态
public Object getSelectedObjects()      //取得单选按钮信息
```

8. 列表 List

(1) 创建 List 对象格式

```
List 对象名=new List([int rows])
List 对象名=new List(int rows,boolean multipleMode)
```

在编程时，可以通过 add("选项")或 add("选项",int index)方法增加选项。

（2）List 事件

当单击列表中的选项时，将触发 ItemEvent 事件，此时通过实现 ItemListener 接口，并重写其中的方法 ItemStateChanged()实现事件的处理。同时，可以用方法 getItemSelectable()获得事件源，用方法 addItemListener()添加监听器。

当双击列表中的选项时，可以触发 ActionEvent 事件，此时通过实现 ActionListener 接口，并重写其中的方法 actionPerformed()实现事件的处理。同时，可以用方法 getSource()获得事件源，用方法 addActionListener()添加监听器。

（3）List 的常用方法

```
public int getSelectIndex()                        //取得被选项索引号
public int[] getSelectIndexes()                    //取得多个被选项索引号
public int getItemCount()                          //取得选项数
public void select(int index)                      //选定指定选项
public String getSelectItem()                      //取得被选项
public String[] getSelectItems()                   //取得多个被选项
public int getRows()                               //取得可视行数
public void deselect(int pos)                      //取消选定指定位置的选项
public void remove(int pos |String str)            //删除指定位置或内容的选项
public void removeAll()                            //删除所有选项
public boolean isIndexSelected(int pos)            //判断指定选项是否被选中
public void setMultipleMode()                      //设置多选或单选模式
public boolean isMultipleMode()                    //判断是否为多选模式
```

9. 下拉列表框 JcomboBox

（1）创建 JComboBox 对象格式

```
JComboBox 对象名=new JComboBox()
JComboBox 对象名=new JComboBox(Object[] items)
JComboBox 对象名=new JComboBox(Vector items)
JComboBox 对象名=new JComboBox(CombiBoxModel aModel)
```

（2）JComboBox 的常用方法

```
int getItemCount()                      //返回下拉列表框中项目的个数
int getSelectedIndex()                  //返回下拉列表框中所选项目的索引
Object getSelectedIndex()               //返回下拉列表框中所选项目的值
Void removeallItems()                   //删除下拉列表框中所有项目
Void removeItem(Object anObject)        //删除下拉列表框中指定项目
Void setEditable(boolean aFlag)         //设置下拉列表框是否可编辑
```

10. 滚动条 Scrollbar

由于计算机屏幕的尺寸是有限的，所以可能会出现无法将所有的输出内容完全显示在屏幕上的情况，即当需要显示的内容超出屏幕大小时，需要利用滚动条来完整显示内容。

（1）创建 Scrollbar 对象格式

```
Scrollbar 对象名=new Scrollbar(int o,int v,int l,int min,int max)
```

其中，参数 o 表示滚动条放置方向，可取值有 Scrollbar. HORIZONTAL、Scrollbar. VERTICAL；参数 v 表示滑块的初始位置，参数 l 表示滑块的大小，min 和 max 表示滚动条的最大值和最小值。

（2）Scrollbar 事件

当滑块的位置发生改变时，将触发 AdjustmentEvent 事件，此时需要通过实现 AdjustmentListener 接口，并重写其中的抽象方法 adjustmentValueChanged( )实现事件的处理。同时，可以通过 if (e. getAdjustable( ). equals(slider)){}获得滚动条事件源，并给滚动条添加事件监听器 addAdjustmentListener(this)。

（3）Scrollbar 的常用方法

```
public void setOrientation(int n)           //设置滚动条种类(水平、垂直)
public int getValue()                       //取得滑块当前的值
public void setBlockIncrement(int n)        //设置滑块增量(单击滚动条空白地方)
public void setUnitIncrement(int n)         //设置滚动条单位增量(单击箭头按钮)
public int getMaximum()                     //取得滚动条最大值
public int getMinimum()                     //取得滚动条最小值
public int getOrientation()                 //取得滚动条种类(水平、垂直)
public void setMaximum(int n)               //设置滚动条最大值
public void setMinimum(int n)               //设置滚动条最小值
public void setValue(int n)                 //设置滚动条目前的值
```

【例 6-1】 滚动条的应用。

```
1    import java.awt.*;
2    import java.awt.event.*;
3    import javax.swing.JFrame;
4    import javax.swing.JLabel;
5    import javax.swing.JPanel;
6    public class ScrollbarTest implements AdjustmentListener
7    {
8        JLabel lab;
9        JFrame f;
10       JPanel pnlMain;
11       Scrollbar Hsb,Vsb;
12       int x=0,y=0;
13       public ScrollbarTest()
14       {
15           f=new JFrame("滚动条示例");
16           lab=new JLabel("滚动条示例");
17           Font fontstr=new Font("宋体",Font.BOLD,15);
18           lab.setFont(fontstr);
19           Hsb=new Scrollbar(Scrollbar.HORIZONTAL,0,10,0,300);
20           Vsb=new Scrollbar(Scrollbar.VERTICAL,0,10,0,200);
21           Hsb.addAdjustmentListener(this);
22           Vsb.addAdjustmentListener(this);
```

```
23          pnlMain = new JPanel();
24          pnlMain.add(lab);
25          f.add(pnlMain,BorderLayout.CENTER);
26          f.add(Hsb,BorderLayout.SOUTH);
29          f.add(Vsb,BorderLayout.EAST);
30          pnlMain.setLayout(null);
31          lab.setBounds(120,90,100,25);
32          f.setSize(350,250);
33          f.setVisible(true);
34      }
35      public void adjustmentValueChanged(AdjustmentEvent e)
36      {
37      }
38      public static void main(String[ ] arg)
39      {
40              ScrollbarTest scr = new ScrollbarTest();
41      }
42  }
```

程序分析：

第 6 行：创建类 ScrollbarTest，实现接口 AdjustmentListener。

第 15 行：定义界面标题。

第 16 行：定义标签内容。

第 17 ~ 18 行：设置字体。

第 19 ~ 22 行：定义滚动条，并增加监听器。

第 23 ~ 29 行：定义容器，并在界面中添加容器和滚动条。

第 30 ~ 31 行：利用 NULL 布局，设置标签在界面中的位置。

第 32 ~ 33 行：设置界面的大小和可见性。

以上代码的运行结果如图 6-12 所示。

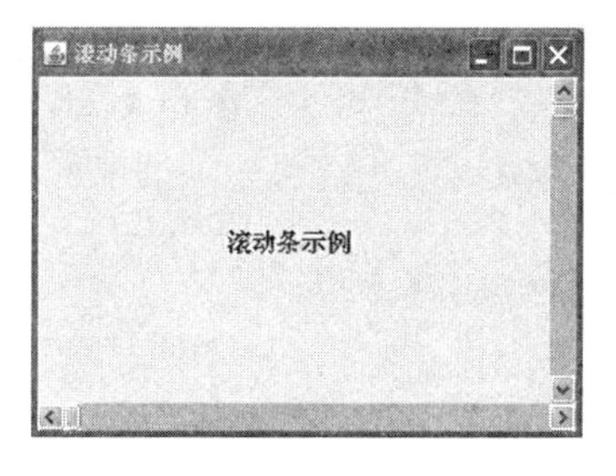

图 6-12　运行结果

6.5　任务 5：创建文件菜单界面

【知识要点】
- 菜单。
- 二级菜单和复选菜单项。
- 弹出式菜单。
- 对话框。
- 文件对话框。

【典型案例】创建文件菜单界面。

6.5.1　详细设计

本程序实现文件菜单界面的创建，代码如下：

```
1    import java.awt.*;
2    import java.awt.event.*;
```

```
3     import java.io.*;
4     class MyTextEdit extends Frame implements ActionListener,ItemListener,
MouseListener
5     {
6         TextArea text;
7         String str = "";
8         CheckboxMenuItem miFontBold,miFontItalic;
9         PopupMenu popM;
10        int style = Font.PLAIN;
11        public MyTextEdit(String s)
12        {
13            super(s);
14            addWindowListener(new WindowAdapter()
15            {
16                public void windowClosing(WindowEvent e)
17                {
18                    dispose();
19                    System.exit(0);
20                }
21            });
22            Menu mn1 = new Menu("文件");
23            MenuItem miOpen = new MenuItem("打开",new MenuShortcut(KeyEvent.
VK_O));
24            MenuItem miNew = new MenuItem("新建",new MenuShortcut(KeyEvent.
VK_N));
25            MenuItem miSave = new MenuItem("保存",new MenuShortcut(KeyEvent.
VK_S));
26            MenuItem miSaveAs = new MenuItem("另存为",new MenuShortcut(Key
Event.VK_A));
27            MenuItem miClose = new MenuItem("关闭",new MenuShortcut(KeyEvent.
VK_C));
28            mn1.add(miOpen);
29            mn1.add(miNew);
30            mn1.addSeparator();
31            mn1.add(miSave);
32            mn1.add(miSaveAs);
33            mn1.addSeparator();
34            mn1.add(miClose);
35            miOpen.addActionListener(this);
36            miNew.addActionListener(this);
37            miSave.addActionListener(this);
38            miSaveAs.addActionListener(this);
39            miClose.addActionListener(this);
40            Menu mn2 = new Menu("编辑");
41            MenuItem miCopy = new MenuItem("复制",new MenuShortcut(KeyEvent.
VK_C));
```

```
42        MenuItem miPaste = new MenuItem("粘贴",new MenuShortcut(KeyEvent.
VK_V));
43        MenuItem miFind = new MenuItem("查找",new MenuShortcut(KeyEvent.
VK_F));
44        MenuItem miReplace = new MenuItem("替换",new MenuShortcut(Key
Event.VK_H));
45        mn2.add(miCopy);
46        mn2.add(miPaste);
47        mn2.addSeparator();
48        mn2.add(miFind);
49        mn2.add(miReplace);
50        miCopy.addActionListener(this);
51        miPaste.addActionListener(this);
52        miFind.addActionListener(this);
53        miReplace.addActionListener(this);
54        mn2.addSeparator();
55        Menu miFont = new Menu("字体");
56        CheckboxMenuItem miFontBold = new CheckboxMenuItem("黑体");
57        CheckboxMenuItem miFontItalic = new CheckboxMenuItem("斜体");
58        CheckboxMenuItem miFontItalic = new CheckboxMenuItem("下画线");
59        miFont.add(miFontBold);
60            miFont.add(miFontItalic);
61            miFont.add(miFontUnderLine);
62            miFontBold.addItemListener(this);
63            miFontItalic.addItemListener(this);
64            miFontUnderLine.addItemListener(this);
65            mn2.add(miFont);
66            MenuBar mb = new MenuBar();
67            mb.add(mn1);
68            mb.add(mn2);
69            setMenuBar(mb);
70            popM = new PopupMenu();
71            text = new TextArea();
72                text.add(popM);
73                text.addMouseListener(this);
74                add(text,BorderLayout.CENTER);
75                setSize(400,300);
76                setVisible(true);
77    }
78    @Override
79    public void mouseClicked(MouseEvent e) {
80        //TODO Auto-generated method stub}
81    @Override
82    public void mousePressed(MouseEvent e) {
83        //TODO Auto-generated method stub}
84    @Override
```

```
85        public void mouseReleased(MouseEvent e) {
86            //TODO Auto-generated method stub}
87        @ Override
88        public void mouseEntered(MouseEvent e) {
89            //TODO Auto-generated method stub
90        }
91        @ Override
92        public void mouseExited(MouseEvent e) {
93            //TODO Auto-generated method stub
94        }
95        @ Override
96        public void itemStateChanged(ItemEvent e) {
97            //TODO Auto-generated method stub
98        }
99        @ Override
100       public void actionPerformed(ActionEvent e) {
101           //TODO Auto-generated method stub
102       }
103       public static void main(String[] arg)
104       {
105           MyTextEdit textEdit = new MyTextEdit("文本编辑器");
106       }
107   }
```

程序分析：

第 6~10 行：定义变量。

第 14~21 行：添加窗口监听器，实现窗口的关闭。

第 22~27 行：创建“文件”菜单的子菜单，包括“打开”“新建”“保存”“另存为”“关闭”。

第 28~34 行：将一级菜单（包括“打开”“新建”“保存”“另存为”“关闭”）添加到菜单条（文件）。

第 35~39 行：为菜单设置监听器。

第 40~44 行：创建“编辑”菜单的子菜单（包括“复制”“粘贴”“查找”“替换”“字体”）。

第 45~49 行：将一级菜单（“复制”“粘贴”“查找”“替换”“字体”）添加到菜单条（编辑）。

第 50~53 行：为菜单设置监听器。

第 54 行：在菜单中添加分割线。

第 55~58 行：创建“字体”的子菜单（包括“加粗”“倾斜”“下画线”）。

第 59~61 行：将二级菜单（“字体”的子菜单）添加到一级菜单（字体）。

第 62~64 行：为菜单设置监听器。

第 65~69 行：在界面中添加一级、二级、三级菜单。

第 71~74 行：定义并在界面中添加文本区。

第 78~102 行：实现接口所必须要重写的相关方法。

6.5.2　运行

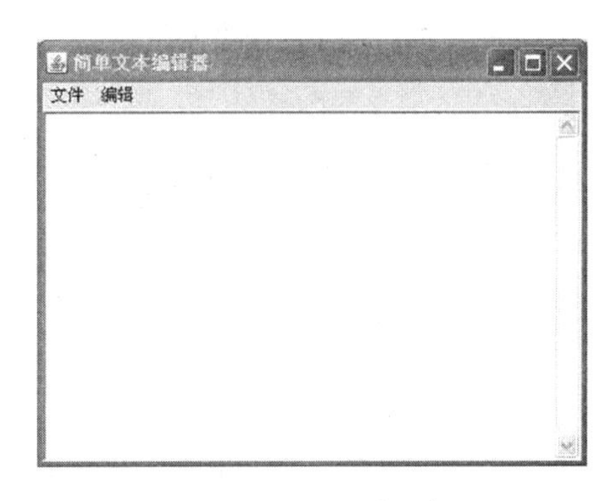

图 6-13　运行结果 - 文本编辑界面

本程序创建标题为“简单文本编辑器“的图形用户界面，在界面中用类 Menu 创建子菜单“文件”和“编辑”，如图 6-13 所示。用类 MenuItem 创建“文件”菜单的一级菜单：打开、新建、保存、另存为、关闭，“编辑”菜单的一级子菜单：复制、粘贴、查找、替换、字体。用类 CheckboxMenuItem 创建字体的二级子菜单：加粗、倾斜、下画线。同时用方法 MenuShortcut()设定各级菜单的快捷键，并为各级菜单添加监听器(addActionListener())。

以上代码的运行结果如图 6-14 和图 6-15 所示。

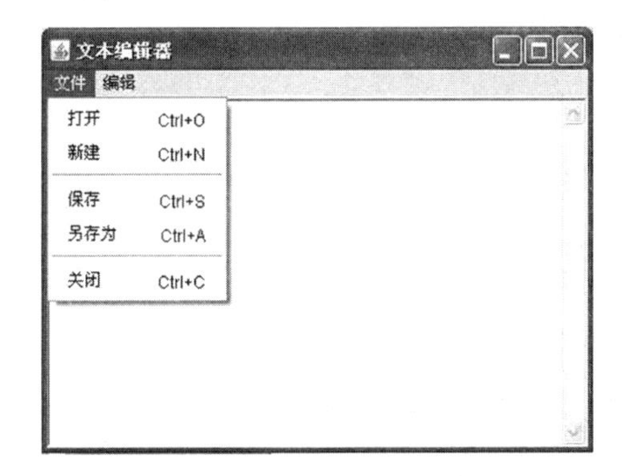

图 6-14　运行结果 - “文件”菜单

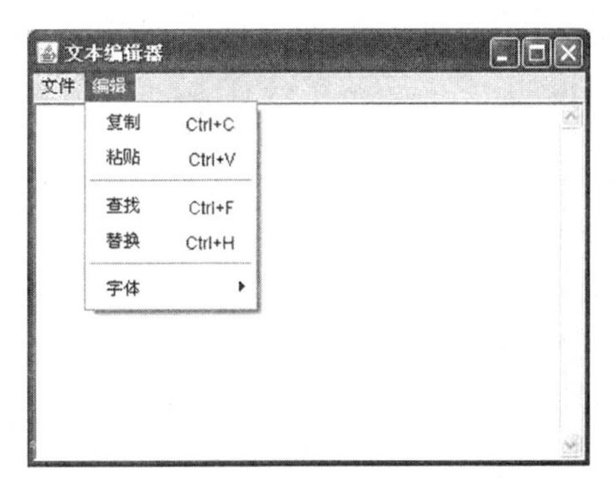

图 6-15　运行结果 - “编辑”菜单

6.5.3　知识点分析

除了 Swing 的常用基本组件之外，程序开发人员还可以使用菜单和对话框等高级组件来进行界面设计。

1. 菜单 Menu

菜单是 GUI 设计中经常用到的用户接口之一，Java 中为程序开发人员提供了丰富的菜单类。图 6-16 所示是 Java 菜单组件及其子类间的关系。

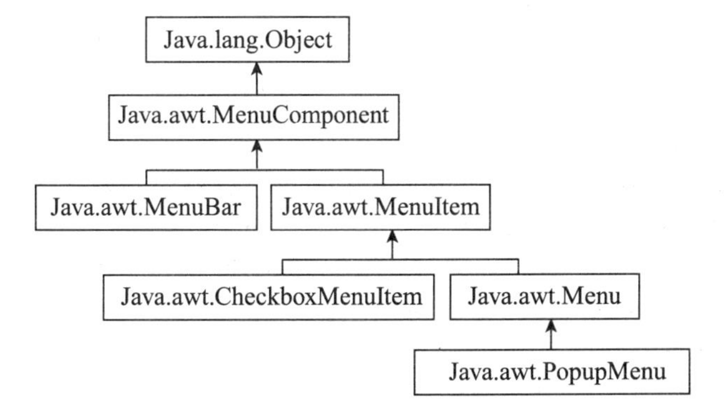

图 6-16　菜单组件及其子类之间的关系

(1) 菜单条 MenuBar

MenuBar 的构造方法如下：

```
Public MenuBar()
```

对于类 JFrame，可以通过调用方法 setMenuBar(mb)将菜单条放到容器中，例如：

```
JFrame f = new JFrame("文本编辑器");
MenuBar mb = new MenuBar();
f.setMenuBar(mb);
```

（2）菜单 Menu

菜单实际上是在菜单条中显示的各项。Menu 的构造方法如下：

```
public Menu()                    //用一个空标签创建一个新菜单
public Menu(String label)        //用指定标签创建一新菜单
```

通过菜单条的方法 add()将菜单项添加到菜单条中，例如：

```
Menu mn1 = new Menu("文件");  //创建菜单
Menu mn2 = new Menu("编辑");
mb.add(mn1);                     //将菜单添加到菜单条 mb 中,mb 就是上面所创建的菜单条
mb.add(mn2);
```

（3）菜单项 MenuItem

菜单项就是菜单中的条目，用于实现各种具体的菜单内容。MenuItem 的构造方法如下：

```
public MenuItem()                //用一空标签,且无相应快捷键,创建一个新的 MenuItem 对象
public MenuItem(String label)    //用指定的标签,创建一个新的 MenuItem 对象
```

注意：如果参数 label 的取值为“-”，则表示生成菜单项间的分隔线。除分隔线外的所有菜单项都默认设置为可选择的。

```
public MenuItem(String label,MenuShortcut s)
                                 //用指定的标签和相关快捷键创建一个新的菜单项
```

其中，MenuShortcut 是菜单快捷键类，其用法为 MenuShortcut(int key)，例如：

```
MenuItem("打开",new MenuShortcut(KeyEvent.VK_O));
```

其中，KeyEvent. VK_O 表示创建了一个快捷键 Ctrl + O。

Menu 可以通过方法 addSeparator()在菜单项之间添加分割线，方法 add()则将菜单项加入菜单，例如：

```
MenuItem miOpen = new MenuItem("打开",new MenuShortcut(KeyEvent.VK_O));
MenuItem miNew = new MenuItem("新建",new MenuShortcut(KeyEvent.VK_N));
MenuItem miSave = new MenuItem("保存",new MenuShortcut(KeyEvent.VK_S));
MenuItem miSaveAs = new MenuItem("另存为",new MenuShortcut(KeyEvent.VK_A));
MenuItem miClose = new MenuItem("关闭",new MenuShortcut(KeyEvent.VK_C));
mn1.add(miOpen);
mn1.add(miNew);
mn1.addSeparator();
mn1.add(miSave);
mn1.add(miSaveAs);
```

```
mn1.addSeparator();
mn1.add(miClose);
```

当鼠标单击某个菜单项时，会引发 ActionEvent 事件，所以需要通过实现 ActionListener 接口，同时为菜单项添加 addActionListener()事件监听器，然后重写相关的方法来实现事件的处理，例如：

```
miOpen.addActionListener(this);
miNew.addActionListener(this);
```

2. 二级菜单和复选菜单项 CheckboxMenuItem

二级菜单的创建实际是将一个创建好的菜单当作菜单项添加到一级菜单中。

复选菜单项是指在菜单中可以同时选中的菜单项，例如：

```
Menu miFont = new Menu("字体");
CheckboxMenuItem miFontBold = new CheckboxMenuItem("黑体");
CheckboxMenuItem miFontItalic = new CheckboxMenuItem("斜体");
CheckboxMenuItem miFontUnderLine = new CheckboxMenuItem("下画线");
miFont.add(miFontBold);
miFont.add(miFontItalic);
miFont.add(miFontUnderLine);
```

3. 弹出式菜单 PopupMenu

和普通菜单一样，弹出式菜单也需要添加相应的菜单项以及事件监听器，然后通过方法 add()添加到相应的组件上，如文本区等。这样当用户在组件（具有弹出式菜单）上单击鼠标右键时，就会有菜单弹出。例如：

```
PopupMenu popM = new PopupMenu();
MenuItem miOpen = new MenuItem("打开");
MenuItem miSave = new MenuItem("保存");
popM.add(miOpen);
popM.add(miSave);
TextArea ta = new TextArea(20,10);
Ta.add(popM);
```

4. 对话框 Dialog

Dialog 和 JFrame 都是 Window 的子类。与 JFrame 相比，Dialog 是不能独立存在的，它必须要伴随某个 JFrame 或 Dialog 对象才可以。

（1）Dialog 的常用构造方法

```
public Dialog(Frame owner,String title)
public Dialog(Frame owner,String title,boolean modal)
```

其中，modal 主要指对话框的模式，当 modal = true 时为强制模式，即模态窗口。在这种模式下，除非对话框被关闭，否则将无法返回原来的 JFrame 或 Dialog；当 modal = false（默认模式）时，无论对话框是否关闭，都可以返回原来的窗口。

（2）Dialog 的常用方法

```
public void setSize(int width,int height)        //设置宽和高
```

```
public void setVisible(boolean v)          //设置对话框是否可见
public void setTitle(String str)           //设置对话框标题
public String getTitle()                   //取得对话框标题
public void dispose()                      //消除对话框
public void setModal(boolean v)            //设置对话框模式
public boolean isModal(boolean v)          //判断对话框是否为强制模式
public boolean isResizable()               //判断对话框是否可以改变大小
public void hide()                         //隐藏对话框
public void show()                         //显示对话框
```

【例 6-2】 对话框 Dialog 的应用。

```
1     import java.awt.*;
2     import java.awt.event.*;
3     import javax.swing.JFrame;
4     import javax.swing.JPanel;
5     public class DialogTest extends WindowAdapter implements ActionListener{
6         JFrame f;
7         JPanel pnlMain;
8         Dialog dag;
9         Checkbox chk;
10        Button btn;
12        public DialogTest(){
13            f = new JFrame("对话框示例界面");
14            btn = new Button("显示对话框");
15            btn.addActionListener(this);
16            pnlMain = new JPanel();
17            f.add(pnlMain);
18            pnlMain.setLayout(null);
19            pnlMain.add(btn);
20            btn.setBounds(80,60,80,30);
21            f.setSize(250,200);
22            f.setVisible(true);
23        }
24        public void actionPerformed(ActionEvent e){
25            dag = new Dialog(f,"对话框");
26            dag.addWindowListener(this);
27            Label lbl = new Label("这才是对话框!");
28            dag.add(lbl);
29            dag.setSize(200,100);
30            btn.setEnabled(false);
31            dag.show();
32        }
33        public void windowClosing(WindowEvent e){
34            dag.dispose();
35            btn.setEnabled(true);
36        }
```

```
37        public static void main(String[] arg){
38           new DialogTest();
39        }
40    }
```

程序分析：

第 14 ~ 15 行：定义按钮，并设置监听器。

第 16 ~ 20 行：定义容器，在容器中添加按钮，并采用 NULL 布局定位按钮。

第 24 行：重写方法 actionPerformed()。

第 25 行：定义对话框。

第 26 行：为对话框设置监听器。

第 27 ~ 28 行：在对话框中添加标签。

第 30 行：将界面中的按钮设置为不可使用。

第 31 行：显示对话框。

第 33 ~ 35 行：定义对话框关闭的方法 windowClosing()（关闭窗口，同时使界面中的按钮处于可用状态）。

以上代码的程序运行结果如图 6-17 所示。

当单击“显示对话框”按钮后，显示对话框，并且“显示对话框”按钮处于不可使用状态，如图 6-18 所示。

图 6-17　对话框示例界面

图 6-18　对话框

5. 文件对话框 FileDialog

FileDialog 继承于对话框类 Dialog。

（1）FileDialog 的常用构造方法

```
public FileDialog(Frame f)                    //创建一个读取文件的文件对话框
public FileDialog(Frame f,String str)  //以指定的标题创建一个读取文件的文件对话框
public FileDialog(Frame f,String str,int i)
                                              //以指定的标题创建读取或保存文件的对话框
```

其中，第三个参数 i 用于设置文件对话框的模式，取值为 Dialog. SAVE（保存文件对话框）和 Dialog. LOAD（读取文件对话框）。

（2）FileDialog 的常用方法

```
public String getDirectory()。          //取得打开文件的完整路径名称
public void setDirectory(String s)。    //设置打开文件的完整路径名称
public String getFile()。               //取得打开文件的名称
public void setFile(String s)。         //设置打开文件的名称
```

```
public int getMode()。                //取得对话框模式
public void setMode(int m)。          //设置对话框模式
```

本章小结

本章主要介绍了图形用户界面开发中常用的类库、界面和容器的概念，界面的布局方式，常用组件和高级组件，以及菜单的设计等内容。

图形用户界面（Graphics User Interface，GUI）借助于窗口、容器和组件等，实现了界面的操作。界面中的按钮和鼠标等元素实现了用户与计算机系统之间的交互。用户通过图形界面操作计算机，系统的运行结果也以图形界面的方式反馈给用户。

为方便开发人员对界面的设计，Java 提供了专门的类库来生成各种图形界面元素，处理图形界面的各种事件，这个类库就是 java. awt 包和 java. Swing 包。

容器是组成其他界面成分和元素的单元。容器内可以包含组件，也可以包含另一个容器。容器有类 JFrame、JPanel、Dialog 和 FileDialog。

容器内组件的位置和大小是由布局管理器决定的。Java 中包含以下布局管理器：FlowLayout（Panel 和 Applets 的默认布局管理器）、BorderLayout（Window、Dialog 及 Frame 的默认布局管理器）、GridLayout、CardLayout、GridBagLayout。FlowLayout 布局将组件从上到下、从左到右依次摆放，每行均居中。BorderLayout 布局将容器内的空间划分为东、南、西、北、中 5 个方位，布局时需要指明组件所在的方位。CardLayout 布局将组件像卡片一样放置在容器中，在某一时刻只有一个组件可见。GridLayout 布局类似于一个无框线的表格，每个单元格中放置一个组件。GridBagLayout 是一种更为灵活的行列网格布局，它允许组件合并单元格后放置。NULL 布局通过方法 setLayout(null) 可以允许开发人员不使用任何布局，此时开发人员可以对组件进行绝对定位。

在界面设计中，常用的组件有标签 JLabel、按钮 Button、单选按钮 JRadioBox、复选框 JCheckBox、列表 List、文本框 JTextField、文本区 JTextArea、滚动条 Scrolbar 等。

菜单和对话框是图形用户界面的重要组成部分。菜单主要包括菜单条（MenuBar）、菜单（Menu）、菜单项（MenuItem）和弹出菜单等。

第7章　异常处理

在前面各个章节中，如果没有编程错误，则所列举的程序都能够正常运行，即无论是输入的数据、打开的文件、编写的代码都没有任何错误。但是在实际的程序设计过程中，可能会存在一些错误的数据和错误的代码，所以开发人员在掌握Java程序设计的规则的同时，也必须要掌握Java提供的异常处理（Exception Handle）机制，来应对可能发生的问题。本章将介绍异常处理的概念、处理方式和自定义异常等内容。

7.1　任务1：从键盘获取3个整型数据

【知识要点】
- 编译错误。
- 运行错误。

【典型案例】从键盘获取3个整型数据。

7.1.1　详细设计

本程序实现从键盘获取3个整型数据，代码如下：

```
1    import java.util.Scanner;
2    public class RunningError {
3        public static void main(String[] args) {
4            //TODO Auto-generated method stub
5            int a[] = new int[3];
6            int i;
7            Scanner sc = new Scanner(System.in);
8            System.out.println("请输入3个整型数据:");
9            for(i = 0;i < 3;i + +)
10               a[i] = sc.nextInt();
11           System.out.println("a[" + i + "] = " + a[i]);
12       }
13   }
```

程序分析：

第2行：定义类RunningError。

第5行：定义含有3个整型元素的数组a。

第7~11行：通过循环输入3个整型数据，并输出。

7.1.2　运行

本程序通过for循环从键盘中输入3个整型数据，当结束循环时，表示下标的变量i=3（即不满足循环条件，退出循环），所以执行语句System. out. println("a[" +i+"]="+a[i])时，由于a[3]元素不存在，因此程序抛出“RunningError”（运行时错误）错误提示。

以上代码的运行结果如图7-1所示。

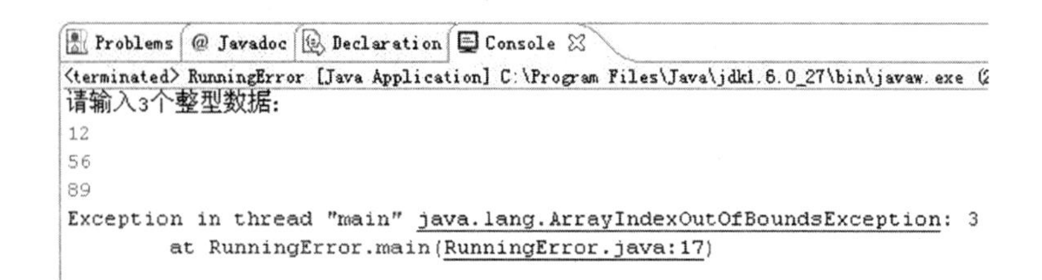

图 7-1　数据异常

7.1.3　知识点分析

错误是编程过程中不可避免和必须要处理的问题，程序开发人员和软件开发平台处理错误的能力在很大的程度上影响了程序设计的效率和质量。一般来说，错误分为编译错误和运行错误。

1. 编译错误

编译错误是程序代码在编写时存在一些语法问题，未能通过源代码到目标码（在 Java 中是由源代码到字节码）的编译而产生。这种错误由语言的编译系统负责检测和报告。没有编译错误是一个程序能正常运行的基本条件，只有所有的编译错误都改正了，源代码才可能被成功地编译成目标码。

每种高级计算机语言都有自己的语法规则，编译系统将根据这个规则来检查程序开发人员所书写的代码是否符合规定。Java 由于需要应用于网络计算等方面，所以它的安全性要求较高，因此 Java 的语法规则比较全面。例如，数组元素下标越界检查，未开辟空间对象的使用检查等。由于很多的语法检查工作是由系统自动完成的，所以 Java 减少了开发人员的设计负担和程序中可能隐含的错误。

在程序设计初期，大部分编译错误是由于对语法规则的不熟悉或拼写失误而引起的。例如，在 Java 中规定每个陈述性语句的末尾需要使用分号、标识符需要符合命名规则等，如果不注意这些细节，就会引发编译错误。由于编译系统会提示编译错误发生的位置和错误信息，所以修改编译错误相对来说是较为简单的。但是由于编译系统判定错误比较机械化，在参考系统给出的错误位置和错误信息提示时，开发人员也应该灵活地考虑程序的上下文（其他语句），将程序作为一个整体进行检查。

2. 运行错误

如果一个程序没有编译错误，并不表示该程序就能正常运行，因为除了编译错误以外，程序中还可能存在运行错误。

运行错误是在程序运行过程中产生的错误。根据性质不同，运行错误可以分为系统运行错误和逻辑运行错误。系统运行错误是指程序在执行过程中引发的操作系统问题。由于应用程序工作于计算机操作系统平台上，如果应用程序运行时发生运行错误，可能会对操作系统造成一定的损害，甚至可能使整个计算机瘫痪。因此，必须要排除这些系统运行错误，以保障程序和计算机系统的正常工作。系统运行错误通常比较隐蔽，所以排除系统运行错误时，应根据错误的现象并结合程序代码进行仔细判断。逻辑运行错误是指程序不能实现开发人员的预定设计目标和设计功能。例如，循环的次数或者循环的结果不符合开发人员的预期等。有些逻辑运行错误是由于算法问题引起的，有些是由于代码编写过程中语法规则的不合理使用所导致的。

在检查运行错误时，常用的方法是使用开发环境所提供的断点设置和单步运行功能，通过这些辅助功能来分析和调试程序运行过程中隐藏的错误。程序开发人员需要耐心地在人为控制下边调试、边观察、边运行，有计划地检查程序的执行过程，仔细检查运行过程中的错误。

7.2　任务 2：对输入数据的异常处理

【知识要点】
- 异常的概念。
- 异常的分类。
- 声明异常。
- 抛出异常。
- 捕获和处理异常。

【典型案例】对输入数据的异常处理。

7.2.1　详细设计

本程序实现对 7.1 节中的错误进行异常处理，代码如下：

```
1    import java.util.Scanner;
2    public class ExceptionTest1 {
3        void inputException()
4        {
5            int a[ ] =new int[3];
6            Scanner sc =new Scanner(System.in);
7                System.out.println("请输入 3 个整型数据:");
8                int i;
9                for(i =0;i <3;i + +)
10                   a[i] =sc.nextInt();
11               System.out.println("a[" +i +"] =" +a[i]);
12       }
13       public static void main(String[ ] args) throws IllegalAccessException{
14           //TODO Auto -generated method stub
15           ExceptionTest1 test =new ExceptionTest1();
16           try
17           {
18               tttest.inputException();
19           }
20           catch(ArrayIndexOutOfBoundsException e)
21           {
22               System.out.println("数组越界" +e);
23           }
24           finally
25           {
26               System.out.println("最后一定会被执行的语句");
27           }
28       }
29   }
```

程序分析：

第 2 行：创建类 ExceptionTest1。

第 3 行：定义方法 inputException( )。

第 5 行：定义包含 3 个整型元素的数组。

第 6 ~ 11 行：从键盘输入 3 个元素的值，并显示。

第 15 行：创建属于类 ExceptionTest1 的对象 test。

第 16 ~ 19 行：为方法 inputException( )进行“监视”。

第 20 ~ 23 行：捕获异常，并输入错误提示。

第 24 ~ 27 行：最终处理，输出相应信息提示。

7.2.2　运行

本程序中通过 try 语句对方法 inputException( )进行监视，当其中由于 for 语句循环结束之后出现下标越界情况时产生异常 ArrayIndexOutOfBoundsException，被 catch 语句捕获并在 Console 中显示错误提示，最后显示 finally 语句中的相关信息。

以上代码的运行结果如图 7-2 所示。

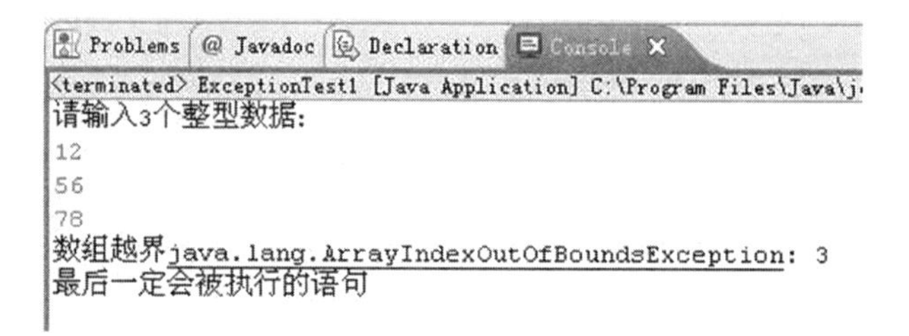

图 7-2　越界异常

7.2.3　知识点分析

1. 异常的概念

异常（Exception）是在程序运行过程中发生的反常，它将中断指令的正常运行。异常对应着 Java 中特定的运行错误处理机制。为了处理这些运行错误，在 Java 中引入了异常和异常类。异常是属于异常类的对象。

2. 异常的分类

Java 中定义了很多异常类，每个异常类都代表了一种运行错误情况，包含了某种运行错误的信息和处理错误方法等。当 Java 程序运行过程中发生了一个可识别的运行错误，即有一个异常类能与这个运行错误相匹配时，系统就会产生一个相应的异常类对象（即异常）。异常对象产生后，系统会有相应的机制来处理它，并且确保这个运行错误不会产生死机、死循环或其他对操作系统的损害行为，从而保证整个程序的安全运行。这就是 Java 的异常处理机制。

Java 的异常类是一个特殊的类，是系统类库中 Exception 类的子类。异常类的继承结构如图 7-3 所示。

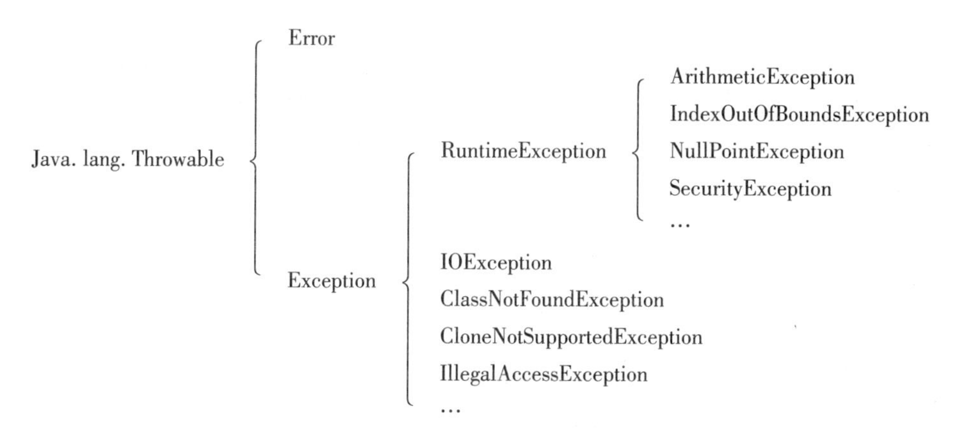

图 7-3　Exception 类部分结构

异常类中最上层是类 Throwable，它是类库 java. lang 包中的一个类。类 Throwable 表示所有的异常情况。每个异常类都是 Throwable 的子类或者子孙类。Throwable 有两个子类：一个是类 Exception，它是用户程序能够捕捉到的异常情况，主要供应用程序使用；另一类是 Error，它通常是一些无法捕捉到的异常。在 Java 中要小心使用类 Error，使用不慎可能会导致灾难性的问题发生。

类 Exception 的构造方法如下：

```
public Exception();
public Exception(String s); //接受字符串参数的传入(字符串通常是对异常类所对应的错误的描述)
```

Exception 类的常用方法如下：

```
public String toString();           //返回当前 Exception 类信息的字符串
public void printStackTrace();      //输出当前异常对象的堆栈使用轨迹
```

类 Exception 有若干子类，每一个子类代表了一种特定的运行错误。其中有些子类是系统预先定义的，因此这些子类称为系统定义异常。系统定义异常通常对应系统运行错误。由于系统运行错误可能导致操作系统错误，甚至使整个操作系统瘫痪，因此需要系统定义相应的异常类。由于定义了相应的异常类，Java 程序即使产生一些致命错误，系统也会自动产生一个对应的异常对象来处理和控制这些错误，从而避免引起更大的问题。表 7-1 所示是常用的系统定义异常。

表 7-1　部分常用系统定义的异常

系统定义的运行异常	异常对应的系统运行错误
ClassNotFoundException	未找到相应的类
ArrayIndexOutOfBoundsException	数组越界
FileNotFoundException	未找到制定的文件或目录
IOException	输入、输出错误
NullPointException	引用空的尚无内存空间的对象
ArithmeticException	算术错误

（续）

系统定义的运行异常	异常对应的系统运行错误
InterruptedException	一线程被其他线程打断
UnknownHostException	无法确定主机的 IP 地址
SecurityException	安全性的错误
MalformedURLException	URL 格式错误
…	…

3. 异常的抛出

异常的抛出是指在 Java 程序运行时如果引发了一个可以识别的错误，就会产生一个与该错误相对应的异常类对象，即抛出一个异常类对象。根据异常类的不同，抛出异常可以分为自动抛出异常和 throw 抛出异常。

（1）自动抛出异常

由系统自动抛出的异常称为自动抛出异常，即一旦出现某些运行错误时，系统将会为这些错误自动产生对应的异常类对象。

【例 7-1】 自动抛出异常的应用。

```
public class SystemExceptionTest{
    public static int a;
    static void mathProcess(int b){
        System.out.println(a/b);
    }
    public static void main(String args[]){
        int i;
        SystemExceptionTest se = new SystemExceptionTest();
        se.a =5;
        System.out.println("除数 b =5:");
        i =5;
        se.mathProcess(i);
        System.out.println("除数 b =0:");
        i =0;
        se.mathProcess(i);
    }
}
```

以上代码中被除数为 5，第一次除数是 5，程序可以正常运行，并得到结果 1；第二次除数为 0，由于在除法运算中要求除数不能为 0，因此这部分代码在运行过程中将引发异常 ArithmeticException，这个异常是系统预先定义好的一个类，因此系统可以自动识别该异常，并自动中止程序的运行，同时新建一个 ArithmeticException 类对象（抛出了一个算术运行异常），如图 7-4 所示。

```
Problems  @ Javadoc  Declaration  Console
<terminated> SystemExceptionTest [Java Application] C:\Program Files\Java\jdk1.6.0_27\bin\javaw
除数b=5:
1
Exception in thread "main" java.lang.ArithmeticException: / by zero
除数b=0:
        at SystemExceptionTest.mathProcess(SystemExceptionTest.java:4)
        at SystemExceptionTest.main(SystemExceptionTest.java:15)
```

图7-4　系统定义的异常在运行中被抛出

（2）throw抛出异常

在编程过程中，一些异常是不能依靠系统自动抛出的，它必须通过特定的Java语句——throw语句来抛出“异常”。开发人员可以为某些异常类创建对象，然后用throw语句抛出异常。throw语句的格式如下：

```
返回类型 方法名(参数列表) throws 要抛出的异常类名列表{
    …
    throw 异常类对象;
    …
}
```

其中，关键字throw用于抛出异常类对象，throws用来声明可能抛出的各种异常。使用throw抛出异常时应注意：

1）使用throw抛出语句时，需要在方法的头部定义throws异常声明。

2）所有用throws声明的类和用throw抛出的对象必须是类Throwable或其子类，如果抛出一个不是可抛出的对象，则Java将产生编译错误。

4. 异常的声明

在方法的头部声明异常的格式如下：

```
方法名() throws 要抛出的异常类名列表;
```

通过异常声明通知所有想要调用这个方法的上层方法，准备接受和处理在程序运行过程中可能会抛出的异常。如果程序中通过throw语句抛出的异常不止一个，则应该在方法头throws中列出所有可能的异常类。如对上例添加异常声明：

```
void MyMethod() throws MyException{
    …
    if(flag)
    throw(new MyException());
    …
}
```

【例7-2】抛出异常和声明异常的应用。

```
1    public class IllegalException {
2        public void IllegalTest() throws IllegalAccessException{
3            System.out.println("抛出异常(带有异常声明)...");
4            throw new IllegalAccessException();
```

```
5        }
6        public static void main(String args[]){
7            IllegalException illegal = new IllegalException();
8            try{
9                illegal.IllegalTest();
10            }
11            catch(IllegalAccessException e){
12                System.out.println("捕获异常:" + e);
13            }
14        }
15    }
```

程序说明：

第 2 行：在方法 IllegalTest( ) 后声明异常 IllegalAccessException。

第 4 行：在方法 IllegalTest( ) 中抛出异常 IllegalAccessException。

第 8 ~ 10 行：“监督”可能存在异常的方法 IllegalTest( )。

第 11 ~ 13 行：捕获异常并显示。

以上代码的运行结果如图 7-5 所示。

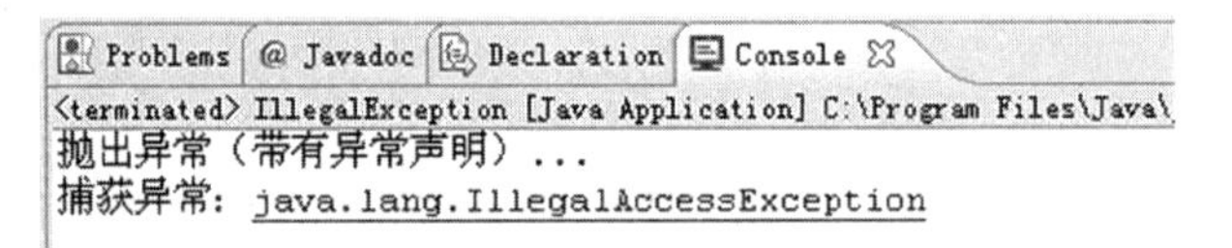

图 7-5　声明和抛出异常

5. 异常的捕获和处理

异常的处理主要包括监督异常、捕捉异常和处理异常。Java 提供了 try-catch-finally 语句来实现异常的处理，具体格式如下：

```
try{                                   //可能出现异常的程序代码
    语句 1
    …
    语句 n
}
catch(异常类型 1,异常对象 e1){
    …                                  //进行异常类型 1 的处理
}
catch(异常类型 2,异常对象 e2){
    …                                  //进行异常类型 2 的处理
}
catch(异常类型 3,异常对象 e3){
    …                                  //进行异常类型 3 的处理
}
…
finally{                               //其他处理程序代码
    语句 1
    …
    语句 n
}
```

异常的捕捉和处理过程如下：

1）把程序中可能产生异常的代码放在 try 所引导的语句组中（监督可能存在异常的代码）。

2）在 try{…}之后紧跟一个或多个 catch 语句组，用于处理各种指定类型的异常。

3）catch 语句组后可以跟一个 finally 语句组（finally 语句组可省略）。finally 语句组为异常处理提供了一个统一的出口，使得无论异常是否被捕获，都能在 finally 语句组中对程序的状态做统一的管理，即不论 try 语句组中是否出现异常，catch 语句组是否捕获异常并执行，最后都要执行 finally 语句组。

（1）try 语句组

在 try 语句组中包含了可能会抛出一个或多个异常的一段程序代码。如果 Java 程序运行到 try 语句组中的某些语句产生了异常，就不再继续执行该 try 语句组中剩下的语句，而是直接进入 try 语句组后面的第一个 catch 语句组，在 catch 语句组中寻找与之匹配的异常类型并进行相应的处理。如果第一个 catch 语句组不匹配，则继续寻找第二个 catch 语句组（如果存在第二个，甚至更多的 catch 语句组），以此类推，直到找到匹配的 catch 语句组异常类型为止。

（2）catch 语句组

catch 语句组的参数类似于方法中的参数，包括一个异常类型和一个异常对象，如 catch(IllegalAccessException e)。catch 语句组中的异常类型必须为类 Throwable 的子类，它指明了 catch 语句组所处理的异常类型。catch 语句组中的异常对象与 try 语句组中的某些异常相对应。catch 语句组的大括号中是对异常对象的处理操作，其中可以调用异常的一些常用处理方法。

catch 语句组可以有多个，分别用于处理不同类型的异常。运行时，Java 会根据 try 语句组中的异常，从上到下分别对每个 catch 语句组处理的异常类型进行检测，直到找到与之相匹配的 catch 语句组为止。这里的“匹配”是指 catch 语句组所处理的异常类型与 try 语句中生成异常对象的类型完全一致或者是它的父类。

注意：在 try 语句组与 catch 语句组之间，以及相邻的 catch 语句组之间，不允许出现其他程序代码。

（3）finally 语句组

finally 语句组为异常处理事件提供了一个统一的出口，一般用来关闭文件或释放其他系统资源。在 try-catch-finally 语句组中，finally 语句组可以省略。如果存在 finally 语句组，则不论 try 语句组中是否发生了异常，是否执行过 catch 语句组中的语句，最后都要执行 finally 语句组中的语句。如果没有 finally 语句组，则当 try 语句组中抛出一个异常时，在 catch 语句组中捕获后就结束异常处理过程。

7.3　任务 3：对输入数据进行多个异常处理

【知识要点】多异常处理。

【典型案例】对输入数据进行多个异常处理。

7.3.1　详细设计

本程序实现对存在问题的多个输入数据进行相应的多异常处理，具体代码如下：

```
1    import java.util.Scanner;
2    public class ExceptionTest2 {
```

```
3         static void inputException() throws IllegalAccessException
4         {
5             int a[ ] = new int[3];
6             Scanner sc = new Scanner(System.in);
7             System.out.println("请输入3个整型数据:");
8             int i,sum = 0,average;
9             for(i = 0;i < 3;i + +)
10            {
11                a[i] = sc.nextInt();
12                sum = sum + a[i];
13            }
14             System.out.println("请输入除数");
15             average = sc.nextInt();
16             average = sum/average;
17             System.out.println("average = " + average);
18             throw new IllegalAccessException();
19        }
20        public static void main(String[ ] args){
21             //TODO Auto - generated method stub
22             try
23             {
24                 inputException();
25             }
26             catch(ArrayIndexOutOfBoundsException e)
27             {
28                 System.out.println("数组越界" + e);
29             }
30             catch(ArithmeticException e)
31             {
32                 System.out.println("除数不能为0" + e);
33             }
34             catch(IllegalAccessException e)
35             {
36                 System.out.println("非法存取" + e);
37             }
38             finally
39             {
40                 System.out.println("最后一定会被执行的语句");
41             }
42         }
43    }
```

程序分析：

第 3 行：声明异常 IllegalAccessException。

第 5 行：定义包含 3 个元素的数组。

第 7 ~ 13 行：获取 3 个元素的值，并计算总和。

第 14 ~ 17 行：输入除数，并用总和除以除数。

第 18 行：抛出异常 IllegalAccessException。

第 22 ~ 25 行：try 语句组"监督"异常。

第 26 ~ 29 行：捕获越界异常 IllegalAccessException。

第 30 ~ 33 行：捕获数学运算异常 ArithmeticException。

第 34 ~ 37 行：捕获异常 ArithmeticException。

第 38 ~ 41 行：finally 语句组，输出提示信息。

7.3.2　运行

本程序通过 try 语句组中的监视方法 inputException()，实现多个异常的处理。如果方法中出现数组下标越界的异常，则该异常会被 catch(ArrayIndexOutOfBoundsException e) 捕获；如果出现除数为 0 的异常，则该异常会被 catch(ArithmeticException e) 捕获；抛出的异常 IllegalAccessException()，则被 catch(IllegalAccessException e) 捕获。

运行以上代码，如果输入的元素个数没有越界，除数不为 0，则得到的相应结果如图 7-6 所示。

```
Problems  @ Javadoc  Declaration  Console
<terminated> ExceptionTest2 [Java Application] C:\Program Files\Java\
请输入3个整型数据:
12
45
78
请输入被除数
3
average=45
非法存取java.lang.IllegalAccessException
最后一定会被执行的语句
```

图 7-6　非法存取异常

如果将 9 ~ 13 行的代码：

```
for(i=0;i<3;i++)
{
    a[i]=sc.nextInt();
    sum=sum+a[i];
}
```

改为

```
for(i=0;i<3;i++)
    a[i]=sc.nextInt();
sum=sum+a[i];
```

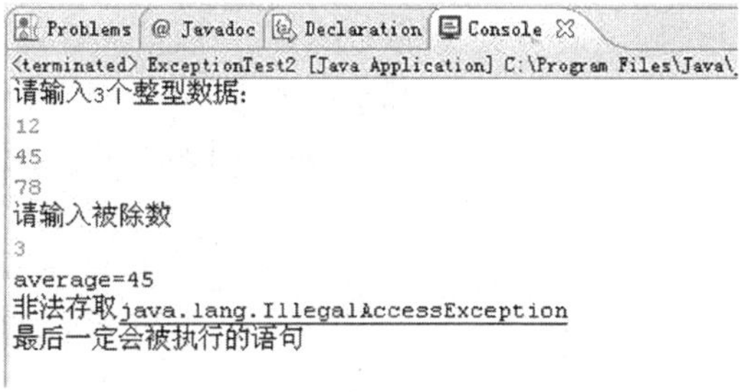

由于 i 完成 for 语句的循环之后 i=4，所以 a[i]越界，因此运行代码后的结果如图 7-7 所示。

如果从键盘输入的 average 的值为 0，由于数学运算中规定除数不能为 0，所以代码运行结果如图 7-8 所示。

```
Problems  @ Javadoc  Declaration  Console
<terminated> ExceptionTest2 [Java Application] C:\Program Files\Java\
请输入3个整型数据:
12
56
89
数组越界java.lang.ArrayIndexOutOfBoundsException: 3
最后一定会被执行的语句
```

图 7-7　越界异常

```
Problems  @ Javadoc  Declaration  Console
<terminated> ExceptionTest2 [Java Application] C:\Program Files\Java\jdk
请输入3个整型数据:
12
45
78
请输入被除数
0
除数不能为0java.lang.ArithmeticException: / by zero
最后一定会被执行的语句
```

图 7-8　除数为 0 异常

7.3.3　知识点分析

在上一节中已经说明，catch 语句组需要紧跟在 try 语句组后面，用来接收 try 语句组中可能产生的异常。在实际编程过程中，一个 try 语句组中可能产生多种不同的异常，如果想捕获这些不同类型的异常，就需要使用多异常处理机制。多异常处理是指在一个 try 语句组后面定义多个 catch 语句组，从而实现多个异常的捕获和处理，其中每个 catch 语句组接收和处理一种特定的异常对象。

如果要实现不同的 catch 语句组来分别处理不同的异常对象，则首先要求 catch 语句组能够区分不同的异常对象，并能够判断本 catch 语句组是否可以接收和处理一个异常对象。这种判断功能通过 catch 语句组中的参数来实现。

在上例中，一个 try 语句组后面跟了 3 个 catch 语句组，每个 catch 语句组都有一个异常类名作为参数。如果 try 语句组中抛出一个异常，则程序首先转向第一个 catch 语句组，并判断 try 语句组中的异常对象是否与这个 catch 语句组中的异常参数相匹配。这里的“匹配”包括异常对象与参数是否属于相同的异常类，异常对象是否属于参数异常类的子类，异常对象是否实现了参数所定义的接口。

如果 try 语句组产生的异常对象被第一个 catch 语句组所接收，则执行 catch 语句组中的处理程序，并在执行完后退出当前 catch 语句组，同时 try 语句组中尚未执行的语句和其他的 catch 语句组将不被执行。

如果 try 语句组产生的异常对象与第一个 catch 语句组不匹配，则系统将自动转到第二个 catch 语句组并进行匹配判断，如果第二个 catch 语句组仍不匹配，就转向第三个 catch 语句组、第四个……直到找到一个可以接收该异常对象的 catch 语句组。

如果 try 语句组后面的所有 catch 语句组都不能与 try 语句组中的异常匹配，则说明当前异常无法被处理，程序流程将返回到调用该方法的上层方法。如果这个上层方法中定义了与所产生的异常相匹配的 catch 语句组，则执行这个 catch 语句组，否则继续回溯更上层的方法。

如果所有的方法中都找不到合适的 catch 语句组，则由 Java 运行系统来处理这个异常。此时通常会中止程序的执行，并输出相关的异常信息。

如果 try 语句组中不存在异常，则所有的 catch 语句组都不予执行。

注意：不论 try 语句组是否存在异常，也不论 catch 语句组是否能捕获异常，finally 语句组中的内容都将被执行。

在多异常处理机制中，一般应注意以下方面：

1）catch 语句组中的处理程序应根据异常的不同而执行不同的异常处理操作。

2）由于 try 语句组中的异常是按照 catch 语句组的先后排列顺序来进行匹配的，所以在处理多异常时要注意各个 catch 语句组之间的排列顺序。一般来讲，前面的 catch 语句组是较具体或较常见的异常，而可以与多种异常相匹配的 catch 语句组应放在后面。

在异常声明中，若某个异常类可能包含多个异常子类（如 SuperException 类中有 Exception1、Exception2 和 Exception3 共 3 个异常子类，见图 7-9），则在方法声明中可以同时声明以上 3 个异常类：

```
void MyMethod() throws Exception1,Exception2,Exception3{…}
```

也可以只简单地声明 SuperException 异常类：

```
void MyMethod() throws SuperException{…}
```

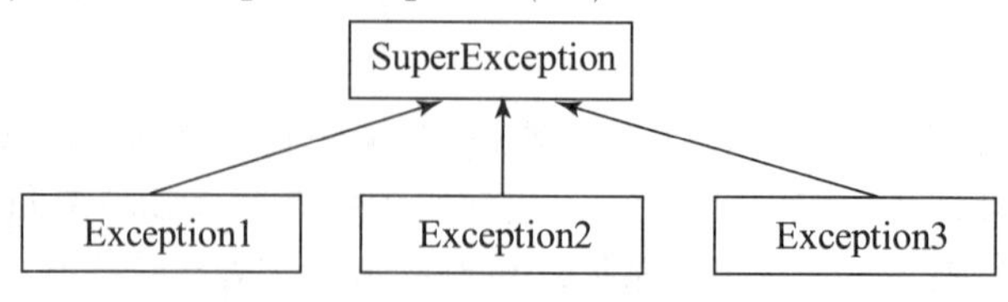

图 7-9　异常类继承关系

7.4 任务4：处理输入成绩异常

【知识要点】自定义异常。

【典型案例】处理输入成绩异常。

7.4.1 详细设计

本程序实现对0~100以内的成绩，以及不在0~100以内的成绩的异常处理，代码如下：

```
1    import java.util.Scanner;
2    public class MyExceptionTest {
3        static void inputException() throws MyException{
4            int a[] =new int[3];
5            Scanner sc =new Scanner(System.in);
6            System.out.println("请输入3个整型数据:");
7            int i,sum =0,average;
8            for(i =0;i <3;i + +)
9            {
10               a[i] =sc.nextInt();
11               if(a[i] <0 ||a[i] >100)
12                   throw new MyException();
13           }
14       }
15       public static void main(String[] args) throws MyException {
16           //TODO Auto - generated method stub
17           try
18           {
19               inputException();
20           }
21           catch(MyException e)
22           {
23               System.out.println("输入的数据需要在0 ~100之间(" +e +")");
24           }
25           finally
26           {
27               System.out.println("最后一定会被执行的语句");
28           }
29       }
30   }
31   class MyException extends Exception{
32       public String toString()
33       {
34           return "自定义的异常";
35       }
36   }
```

程序分析：

第 3 行：抛出自定义异常 MyException。

第 8 ~ 10 行：输入 3 个元素值。

第 11 ~ 12 行：判断元素值是否在 0 ~ 100 之间，如果不在该范围内，则抛出自定义 MyException。

第 17 ~ 20 行：try 语句组“监督”可能存在异常的方法 inputException( )。

第 21 ~ 24 行：捕获自定义异常 MyException。

第 25 ~ 28 行：finally 语句组。

第 31 ~ 36 行：自定义异常。

7.4.2　运行

本程序自定义了异常类 MyException，该类继承于父类 Exception。用 try 语句组监视方法 inputException( )，如果该方法中不存在自定义异常情况，则正常运行；如果该方法中存在自定义异常情况，则抛出自定义异常 MyException，用 catch(MyException e) 捕获异常，并对异常情况做出相应的信息提示。

如果输入的 3 个整型数据都在 0 ~ 100 的范围之内，则运行结果如图 7-10 所示。

如果输入的任何一个数据不在 0 ~ 100 的范围之内，则产生自定义异常，运行结果如图 7-11所示。

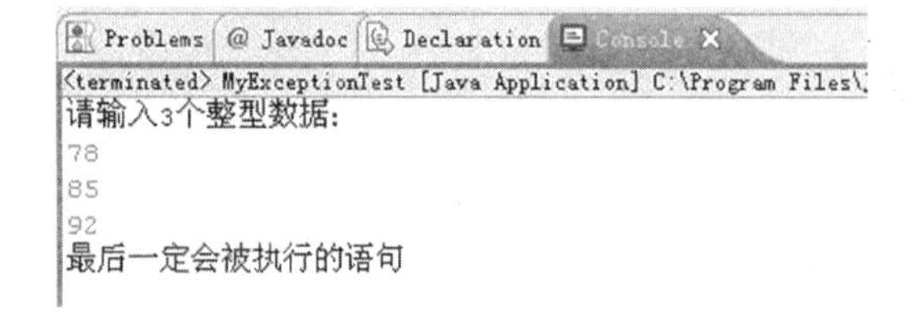

图 7-10　正常运行结果

Problems　@ Javadoc　Declaration　Console
<terminated> MyExceptionTest [Java Application] C:\Program Files\Java\
请输入3个整型数据:
60
120
输入的数据需要在0~100之间(自定义的异常)
最后一定会被执行的语句

图 7-11　自定义异常运行结果

7.4.3　知识点分析

系统定义的异常主要用来处理系统可以预见的和较为常见的运行错误。如果需要对特定的运行错误进行处理，则需要开发人员根据实际需求创建自定义的异常类和异常对象。程序开发人员自定义的异常一般用来处理程序中特定的逻辑运行错误。正确地定义和使用自定义异常类是创建一个稳定的应用程序的重要基础之一。

创建用户自定义异常时，一般有以下两种方式：

1）定义一个自定义异常类，定义其成员属性和方法，使这些属性和方法能够体现出自定义类所对应的错误的信息。

2）通过继承类 Exception 或其他某个已经存在的系统异常类来创建一个自定义的异常类，并通过方法重写，使得自定义异常类具有特定的属性和方法来处理错误。

自定义异常一般继承于父类 Exception，如：

```
class MyException extends Exception{
    public MyException(){
        …
    }
    public MyException(String s){
```

```
        super(s);                         //调用父类的 Exception 的构造函数
        …
    }
    …
}
```

用户自定义异常一般用来处理程序中可能产生的逻辑错误，通过自定义异常使得这些逻辑错误能够被系统及时识别和处理，从而使整个程序更为强健，稳定性更高。

本章小结

本章主要介绍了异常和异常处理机制，以及自定义异常的定义和使用。

“异常”又称为错误，是指程序运行时出现的非正常情况，可以是程序代码的语法错误，也可以是运行中出现的问题。因此，错误（异常）可以分为编译错误和运行错误。

Java 中提供了一系列的异常处理机制。所有的异常类都是类 Throwable 的子类或子孙类，类 Throwable 有 Exception 和 Error 两个子类，类 Exception 是用户可以捕捉到的异常，类 Error 是一些系统的错误。程序中一旦产生异常，Java 程序就会创建对应异常类的对象，并把它“抛出”。有些异常在错误产生时无法自动抛出，这时需要开发人员通过 throw 语句抛出，同时在方法后面用 throws 语句声明这些异常类。

在 Java 的异常处理机制中，使用 try-catch-finally 语句组来捕捉和处理异常。在 try 语句组后面必须有一个或多个 catch 语句组，最后可以有一个 finally 语句组（有些场合 finally 语句组可省略）。try 语句组中包含可能产生异常的语句，即由 try 语句组“监视”可能存在的异常，然后根据 catch 语句组提供的参数和异常类的匹配情况决定由哪个 catch 语句组捕捉相应的异常并进行处理。如果有 finally 语句组，则不论是否找到匹配的 catch 语句组，最后都将执行 finally 语句组中的内容。在 try-catch 语句组中有可能会抛出多个异常，则需要进行多异常处理。

程序开发人员根据可以根据实际需求设计自行定义的异常。自定义异常可以是类 Exception 或它的异常类的子类。

第8章　输入/输出和文件

输入和输出（I/O）是一个程序设计中经常要使用的功能，Java经常需要通过输入和输出来读/写数据。本章将介绍如何实现数据的输入和输出，文件的操作方法，将数据（字节流或字符流）写入文件，以及从文件中读回的方法等内容。

Java中所有的输入/输出都是基于数据流的，这些数据流表示了字符或者字节数据的流动序列。Java为输入/输出流提供了读/写的方法。Java中表示数据源的任何对象都会提供以数据流的方式进行数据读/写的方法。

对于Java中的数据流，当程序需要读取数据时，就会开启一个通向数据源的流，称为输入流，其中数据源可以是文件、内存或网络连接，如图8-1所示。同样，当程序需要写入数据时，就会开启一个通向目的地的流，这就是输出流，如图8-2所示。

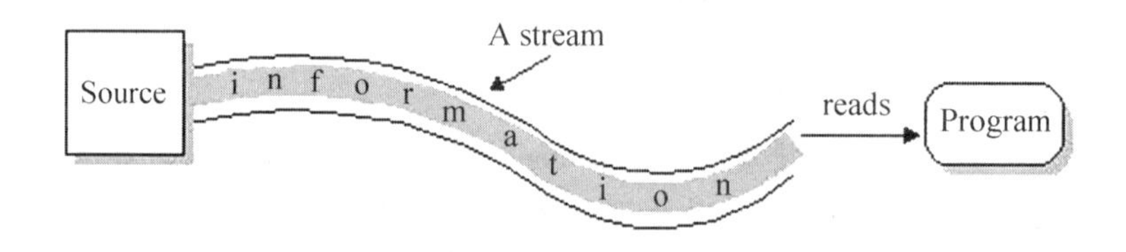

图8-1　输入流示意图

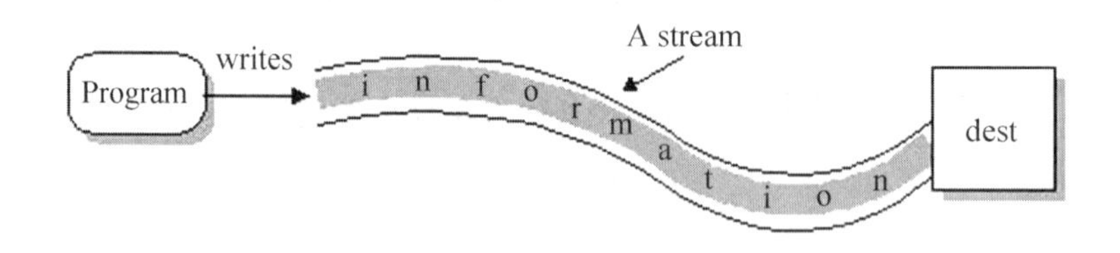

图8-2　输出流示意图

8.1　任务1：从键盘输入数据并显示

【知识要点】标准输入/输出。

【典型案例】从键盘输入数据并显示。

8.1.1　详细设计

本程序实现从键盘输入数据并显示，代码如下：

```
1    import java.util.Scanner;
2    public class SystemIO {
3        public static void main(String[ ] args) {
4            //TODO Auto - generated method stub
5            String str;
6            Scanner sc = new Scanner(System.in);
```

```
7            System.out.println("请输入内容:");
8            str = sc.next();
9            System.out.println("你输入的内容:" + str);
10       }
11   }
```

程序分析：

第 1 行：添加输入库文件。

第 2 行：创建类 SystemIO。

第 6 行：创建一个属于类 Scanner 的对象 sc。

第 8 行：通过对象 sc 调用方法 next()，完成从键盘输入信息。

第 7、9 行：通过调用方法 System. out. println()输出信息。

8.1.2　运行

本程序通过 System. in 和 System. out，以及创建类 Scanner 的对象来实现在控制台（Console）中的标准输入/输出。

以上代码在 Console 中的运行结果如图 8-3 所示。

图 8-3　运行结果

8.1.3　知识点分析

标准输入/输出

Java 的标准输入/输出包括标准输入流 System. in、标准输出流 System. out 以及标准出错流 System. err。

System. in、System. out 和 System. err 通过控制台（Console）实现输入/输出，是用户与程序进行交互的一种最常见方式。当然，除了使用控制台实现用户与程序的交互以外，在 Java 中还可以采用第 6 章所介绍的图形用户界面（GUI）的方式进行交互。

在控制台操作中，用户在控制台中输入内容，并按〈Enter〉键提交，然后计算机会将用户提交的内容传递给 Java 运行时系统。Java 运行时系统会将用户输入的信息转换成一个输入流对象——System. in，在开发人员实现控制台输入时，只需要利用 System. in 从输入流中读取数据即可。当用户输出内容时，开发人员通过利用 System. out 将数据写入输出流，Java 运行时系统会将输出流转换成相关信息，并在控制台中显示。

8.2　任务 2：获取文件信息

【知识要点】
- 文件的操作。
- 文件的概念。
- 文件的路径。
- 文件的名称。
- File 类。

【典型案例】获取文件信息。

8.2.1　详细设计

本程序实现对文件信息的获取，代码如下：

```
1    import java.io.File;
2    import java.io.FileReader;
```

```
3    import java.io.IOException;
4    import java.io.LineNumberReader;
5    import java.io.RandomAccessFile;
6    import java.util.Scanner;
7    public class StuFile
8    {
9         public static void main(String[] args) throws IOException
10        {
11           String name = "zhang";
12           String id = "1401";
13           String sex = "man";
14           RandomAccessFile f = new RandomAccessFile("e:/student.txt","rw");
15           f.seek(0);
16           f.writeBytes(id + "\r\n");
17           f.writeBytes(name + "\r\n");
18           f.writeBytes(sex + "\r\n");
19           File f1 = new File("e:/student.txt");
20           System.out.println("文件路径:" + f1.getPath());
21           System.out.println("文件名称:" + f1.getName());
22           System.out.println("文件大小:" + f1.length());
23           System.out.println("文件最新更新时间:" + f1.lastModified());
24           System.out.println("文件是否可读:" + f1.canRead());
25           System.out.println("文件是否可写:" + f1.canWrite());
26        }
27   }
```

程序分析：

第 11 ~ 13 行：定义变量。

第 14 行：创建类 RandomAccessFile 的流对象，具有读/写功能。

第 15 行：将指针指向第一个字符位置。

第 16 ~ 18 行：向文件流对象写入内容。

第 20 行：获取文件路径。

第 21 行：获取文件名称。

第 22 行：获取文件大小。

第 23 行：获取文件的最新更新时间。

第 24 行：获取文件是否可读的信息。

第 25 行：获取文件是否可写的信息。

8.2.2　运行

本程序创建 RandomAccessFile 类的文件，并对文件进行数据存储。同时，对文件路径(getPath())、名称(getName())、大小(length())、更新时间 lastModified()、是否可读/写(canRead()、canRWrite())等信息进行显示。

以上代码的运行结果如图 8-4 所示。

```
Problems  @ Javadoc  Declaration  Console
<terminated> StuFile [Java Application] C:\Program Files\Java\
文件路径: e:\student.txt
文件名称: student.txt
文件大小: 18
文件最新更新时间: 1433505822031
文件是否可读: true
文件是否可写: true
```

图 8-4　文件信息

8.2.3　知识点分析

1. 文件操作

文件（File）是最常见的数据源之一。在程序设计过程中经常需要将文字、图片、声音等数据存储到文件中，也经常需要从指定文件中读取相关数据。

注意：不同的文件可能有不同的格式，所以在程序设计时，程序开发人员需要熟悉不同文件格式的读取操作。

2. 文件的概念

文件是计算机中一种基本的数据存储形式。在存储数据时，如果对于数据的读写速度和存储容量要求不是很高，则可以将文件作为一种持久数据存储的方式。之所以将文件称为一种“持久存储”方式，是因为存储在文件中的数据在退出程序或关闭计算机后仍然存在。而存储在内存中的数据与存储在文件中不同，内存中的数据是程序正在运行时需要用到的相关数据，因此在退出程序或关闭计算机之后，内存中的数据往往会消失。

文件中存储的数据一般是以一定的顺序依次存储的。在进行读取操作时，硬件及操作系统都会对数据进行控制，从而保证程序读取到的数据和在文件中存储的顺序一致。

每个文件由文件路径和文件名共同确定，在访问某文件时，只需要知道该文件的路径以及文件名即可。

3. 文件的路径

文件的路径可以分为绝对路径和相对路径。绝对路径是指文件的完整路径和文件名，如 d:/Java/test. java。使用绝对路径可以方便地找到唯一对应的文件。但在不同的操作系统中，绝对路径的表达形式存在不同。

相对路径是指文件的部分路径和文件名，如/Java/test. java。部分路径是指相对于当前路径下的子路径，如当前程序在 d:/workspace 下运行，则该文件的完整路径就是 d:/workspace/Java/test. java。使用这种路径形式，可以更通用地表示文件的位置。

在 Eclipse 项目中运行程序时，可以通过选择 “File“→”Properties”命令，查看项目的当前路径。例如，任务 2 的路径 d:/javawork/Test_Chapter08/src/StuFile. java，当前文件名称是 StuFile，当前路径是：d:/javawork/Test_Chapter08/src。

注意：Java 中文件路径区分大小写。

4. 文件名称

文件名的命名形式一般采用“文件名. 扩展名”的形式，其中扩展名来表示文件的类型。例如，文件 readme. txt，readme 代表该文件的名称，而 txt 表示该文件是一个文档类型的文件。在操作系统中，特定格式的扩展名与对应的应用程序相联系，如扩展名为 doc 的文件，一般用 Word 应用程序打开。

文件中的文件名只是一个标识，从本质上来说，文件名和文件中实际存储的内容没有必然的联系。但是一般来说，还是希望文件名能够在某种程度上代表文件中存储的内容。和文件路径一样，在 Java 中文件名也区分大小写。同时，在书写文件名时不要忘记书写文件的扩展名。

注意：程序开发人员可以自己确定文件的扩展名，但是该扩展名必须与系统中规定的扩展名一致。

5. File 类

为了便于对文件进行操作，在 java. io 包中设计了一个文件类——File 类。在 File 类中包含了对于文件的基本操作。File 类的对象可以代表一个具体的文件或文件夹，也可以代表一个文件路径。

（1）File 对象代表文件路径

File 类的对象可以代表一个具体的文件路径，该路径既可以使用绝对路径，也可以使用相对路径。

```
public File(String pathname)    //使用文件路径表示 File 类的对象
```

例如：

```
File f1 = new File("d:/student.txt");
File f2 = new File("test/student.txt");
```

File 类对象 f1 和 f2 分别代表一个文件，只是 f1 采用绝对路径，而 f2 采用相对路径。

```
public File(String parent, String child) //父路径和子路径结合代表文件路径
```

例如：

```
File f3 = new File("d://test//","student.txt");
```

f3 表示的文件路径是 d:/test/student. txt。

（2）File 类常用方法

```
public boolean createNewFile() throws IOException   //创建指定的文件
```

本方法只能用于创建文件，不能用于创建文件夹，且文件路径中包含的文件夹必须存在。

```
public boolean delete()                     //删除当前文件或文件夹
```

删除文件夹时，该文件夹必须为空。如果需要删除一个非空的文件夹，则需要先删除该文件夹内部的文件和文件夹，然后再删除该文件夹。

```
public boolean exists()                     //判断当前文件或文件夹是否存在
public String getAbsolutePath()             //获得当前文件或文件夹的绝对路径
public String getName()                     //获得当前文件或文件夹的名称
```

例如，c:/test/student. t，则返回 student. t。

```
public String getParent()                   //获得当前路径中的父路径
```

例如，c:/test/student. t,则返回 c:/test。

```
public boolean isDirectory()                //判断当前 File 对象是否是目录
public boolean isFile()                     //判断当前 File 对象是否是文件
public long length()                        //返回文件存储时占用的字节数
```

返回值得到的是文件的实际大小，而不是文件在存储时所占用的空间数。

```
public String[] list()              //返回当前文件夹下所有的文件名和文件夹名称
public File[] listFiles()           //返回当前文件夹下所有的文件对象
public boolean mkdir()              //创建当前文件夹,而不创建该路径中的其他文件夹
```

通过该方法,如果 d 盘目录下只有一个 test 文件夹,则创建 d:/test/abc 文件夹成功;如果创建 d:/a/b 文件夹,则创建失败,因为该路径中 d:/a 文件夹不存在。如果创建成功则返回 true,不成功则返回 false。

```
public boolean mkdirs()             //创建文件夹
```

如果当前路径中包含的父目录不存在，则该方法也会根据需要自动创建文件目录。

```
public boolean renameTo(File dest) //修改文件名
```

在修改文件名时不能改变文件路径，如果修改后的文件名在该路径下已经存在，则会修改失败。

```
public boolean setReadOnly()        //设置当前文件或文件夹为只读
```

8.3 任务3：文件的复制

Java 中的流分为两种，一种是字节流，另一种是字符流，分别由 4 个抽象类来表示：InputStream、OutputStream、Reader、Writer。Java 中的字节流用于处理字节的输入和输出，以及二进制数据的读/写等。

【知识要点】
- 字节流。
- Input Stream 类。
- Output Stream 类。
- File Input Stream 类。
- File Output Stream 类。

【典型案例】文件的复制。

8.3.1 详细设计

本程序实现文件的复制，代码如下：

```
1    import java.io.FileInputStream;
2    import java.io.FileNotFoundException;
3    import java.io.FileOutputStream;
4    import java.io.IOException;
5    import java.io.RandomAccessFile;
6    import java.util.Scanner;
7    public class CopyFile {
8        static final String INPUT = "d:/student.txt";
9        static final String OUTPUT = "d:/stunew.txt";
10       public static void main(String args[]) throws FileNotFoundException{
11           int iResult;
12           String str;
13           RandomAccessFile rdin = new RandomAccessFile(INPUT,"rw");
14           FileInputStream fisIn = new FileInputStream(INPUT);
15           FileOutputStream fosOut = new FileOutputStream(OUTPUT);
16           try{
17               System.out.println("添加文件内容:");
18               Scanner sc = new Scanner(System.in);
19               str = sc.next();
20               rdin.writeBytes(str);
21               System.out.println("开始复制文件" + INPUT);
22               do{
23                   iResult = fisIn.read();
24                   if (iResult! = -1)
25                   {
26                       fosOut.write(iResult);
27                       System.out.println("...\n");
28                   }
29               }while (iResult! = -1);
30               System.out.println(INPUT + "已成功复制到" + OUTPUT);
31               fisIn.close();
32               fosOut.close();
33           }
```

```
34          catch (IOException e){
35              e.printStackTrace();
36          }
37      }
38  }
```

程序分析：

第 8 行：定义输入文件路径。

第 9 行：定义输出文件路径。

第 13 行：创建具有读/写功能的 RandomAccessFile 对象 rdin。

第 14 行：创建文件读入流对象 fisIn。

第 15 行：创建文件写出流对象 fosOut。

第 18 ~ 19 行：从键盘读入信息。

第 20 行：将读入的字符串信息写入 RandomAccessFile 对象 rdin。

第 22 ~ 28 行：将对象 fisIn 中的内容写入对象 fosOut，即实现文件内容复制的功能，到文件结尾 iResult = -1 为止。

第 31 ~ 32：关闭对象 fisIn 和对象 fosOut。

8.3.2 运行

本程序将 d 盘 student. txt 文档中的内容复制到 stunew. txt 文档中。首先从键盘获取要输入的内容，并将这些内容写入文档 student. txt，然后从 student. txt 文档中读取内容（直到文档最后 iResult = -1），并将文档内容依次写入文档 stunew. txt，从而实现文档复制，最后将两个文档关闭。

以上代码的运行结果如图 8-5 所示。

图 8-5 文件复制

8.3.3 知识点分析

1. 字节流

在 Java 中，字节流分为输入流和输出流。输入流（Input Stream）是指能够读出一系列字节的对象，输出流（Output Stream）是指能够写入一系列字节的对象。这两种对象分别由 java. io 包中的抽象类 Input Stream 和 Output Stream 来实现。具体的字节流结构如图 8-6 和图 8-7 所示。

在输入/输出字节流的顶层类是抽象类，分别是 InputStream 和 OutputStream。每个抽象类都有相应的子类来实现具体的功能，完成对不同输入/输出流的处理。类 InputStream 和 OutputStream 由于是抽象类，所以它们不能被实例化，在 Java 中通常使用它们的子类，如文件输入流（FileInputStream）和文件输出流（FileOutputStream）。

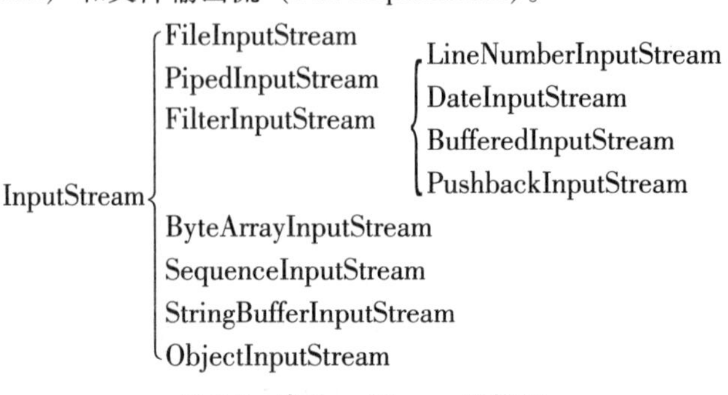

图 8-6　类 InputStream 结构图

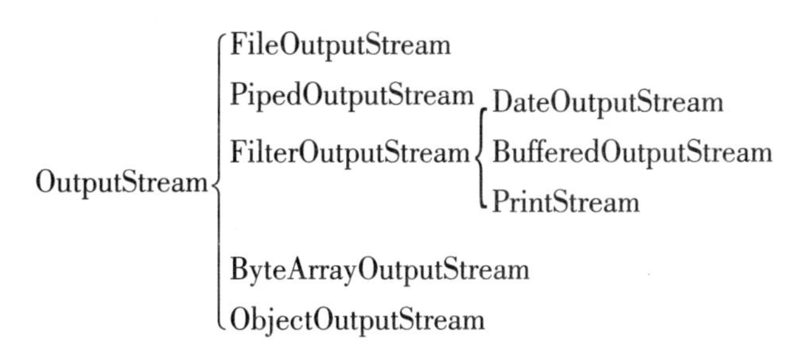

图 8-7 类 OnputStream 结构图

表 8-1 是字节流的几个常用子类及功能介绍。

表 8-1 字节流常用子类及功能介绍

字 节 流 类	功 能 介 绍
DataInputStream	包含了读取 Java 标准数据类型的输入流
DataOutputStream	包含了写 Java 标准数据类型的输出流
ByteArrayInputStream	从字节数组读取的输入流
ByteArrayOutputStream	写入字节数组的输出流
FileInputStream	从文件读入的输入流
FileOutputStream	写入文件的输出流
PrintStream	包含最常见的方法 Print( ) 和 Println( ) 的输出流
PushbackInputStream	返回一个字节到输入流，主要用于编译器的实现
PipedInputStream	输入管道
PipedOutputStream	输出管道
SequenceInputStream	将 n 个输入流联合起来，一个接一个按一定顺序读取
BufferInputStream	缓冲输入流
BufferOutputStream	缓冲输出流
FilterInputStream	实现了 InputStream 接口的过滤器输入流
FilterOutputStream	实现了 OutputStream 接口的过滤器输出流

2. InputStream

字节流抽象类 InputStream 的常用方法如下：

```
abstract int read()                    //读取一个字节的数据,并返回读到的字节数
```

在方法 read( ) 中，如果读到了数据流的末尾，则会返回值 -1。

```
int read(byte[ ] b)                    //将数据读入一个字节数组，同时返回读到的字节数
```

如果到了数据流的末尾，方法 read( ) 也会返回值 -1。读入的最大字节数由数组 b 决定。

```
int read(byte[ ] b,int off,int len)  //从指定位置将数据读入到一个字节数组
```

方法 read( ) 返回读到的实际字节数，或在流的结尾处返回值 -1。其中，参数 b 是指要读入的数组，off 表示读入的第一个字节所在的位置，len 表示读到的最大字节数。

```
long skip(long n)                    //在输入流中跳过 n 个字节
```

该方法返回的是实际跳过的字节数（如果到了流的末尾，则得到的实际字节数可能小于 n）。

```
int available()                      //返回可用的字节数。
void close()                         //关闭输入流。
```

3. OutputStream

字节流抽象类 OutputStream 的常用方法如下：

```
abstract void write(int b)                  //写入固定字节的数据
void write(byte[] b)                        //写入数组 b 内的所有字节
void write (byte[] b, int off, int len)     //将数组 b 内的所有字节写入指定位置
```

其中，参数 b 表示要写入的数组；off 表示数组 b 的一个偏移位置，即从哪个字节开始写入；len 表示要写入的字节数。

```
void close()                         //清空和关闭输出流
void flush()                         //清空输出流
```

该方法将缓存下来的所有数据都发送到目的地。

注意： 对于缓冲式输出流而言，方法 write( ) 所写的数据并不是直接发送到输出流的目的地，而是先暂存在流的缓冲区中，等到缓冲区中的数据达到一定的数量之后，再一次性发送到目的地。如果在缓冲区中的数据还没存满时就想要将它们发送到目的地，就必须要使用方法 flush( ) 来完成。

4. FileInputStream

如果需要将文件中的数据读入程序，或者将程序外部的数据传入程序，需要使用输入流 InputStream 或 Reader。如果需要将数据源文件读入程序，则需要使用 FileInputStream 或 FileReader 来实现。

在 Java 中，读取文件分成以下两个步骤：

1）创建对应的流对象，将文件中的数据转换为流（由系统完成）。

2）使用输入流对象中的方法 read( )，读取流内部的数据。

使用类 FileInputStream 实现文件读入时，一般有以下 3 个步骤：

① 创建一个 FileInputStream 类型的对象，例如：

```
fisIn = new FileInputStream("d://student.txt");
```

通过以上代码实现将流连接到数据源 d://student. txt，同时将该数据源中的数据转换为流对象 fisIn，并从流对象 fisIn 中读取数据源中的数据。

②读取流 fisIn 中的数据。使用方法 read( ) 读取流对象 fisIn 中的数据，可以实现依次读取流中的每一个字节。因此，如果想要读取流中的所有数据，则需要使用循环的方式进行读取，一直到流的末尾时完成读取操作，此时方法 read( ) 的返回值是 -1。

③关闭流对象 fisIn。最后，关闭流对象 fisIn，释放流对象占用的资源，关闭数据源，结束流操作。

除了可以用 FileInputStream 读取文件以外，也可以使用 FileReader 读取文件，此时需要以 char 为单位进行读取，因此这种读取方式适合于文本文件的读取。而对于二进制文件或自定义

格式的文件来说，还是使用 FileInputStream 进行读取更为方便。

5. FileOutputStream

如果需要将程序内部的数据输出到程序外部的数据源，则需要使用输出流。例如，用户可以将某个文件中的内容输出到控制台，或者转存到另一个外部的文件中。

基本的输出流包括 OutputStream 和 Writer。其中，类 OutputStream 及其子类采用字节的方式写入，而类 Writer 及其子类采用字符的方式写入。

输出流的操作一般有以下 3 个步骤：

1）建立输出流对象。与建立对应的输入流对象类似，建立输出流对象是为了完成流对象到外部数据源之间的转换。

2）向流中写入数据。通过调用 write( ) 等方法，将需要输出的数据写入到流对象中。一般的方法 write( ) 只支持 byte 数组类型的数据写入，所以如果需要将其他数据类型的内容写入文件，则需要把相关内容首先转换为 byte 数组类型。

3）输出或关闭输出流。在数据写入到流内部以后,如果需要将写入流内部的数据输出到外部数据源,则可以使用流对象的方法 flush( ) 来实现。如果不需要输出,则可以调用方法 close( ) 关闭流对象,释放资源。

在使用输出流向外部输出数据时，程序开发人员只需要将数据写入相应的流对象即可，Java 运行系统会自动将流对象中的内容写入到外部数据源。

在写入文件时有两种不同的方式：覆盖和追加。覆盖是指新写入的内容将“覆盖”相同位置的原内容，追加是指将新写入的内容“添加”在文件的末尾。在实际应用时，程序开发人员可以根据具体需要采用适当的写入形式。

除了类 FileOutputStream 以外，还可以使用类 FileWriter 实现向文件中输出数据，即写文件。使用类 FileWriter 写入文件时，其先后步骤和创建流对象的操作都与类 FileOutputStream 相似，只需要将写入的数据转换为 char 数组，然后再按照文件格式完成数据写入即可。

8.4 任务 4：文件的存取

Java 中的字符流用于处理字符的输入和输出，采用的是 Unicode 编码。一般来说，字符流的效率比字节流更好。

【知识要点】
- 字符流。
- 字符流常用类。
- DateInput 接口。
- DateOutput 接口。

【典型案例】文件内容的输入和存取。

8.4.1 详细设计

本程序实现将从键盘输入相关内容，并实现相关内容在文件中的存取，代码如下：

```
1    import java.io.*;
2    public class ReadString {
3        static final String FileName = "d:/student.txt";
4        public static void main(String args[]) throws IOException{
5            String str;
6            InputStreamReader instr = new InputStreamReader(System.in);
```

```
7           BufferedReader bufred = new BufferedReader(instr);
8           OutputStreamWriter outstr = new OutputStreamWriter(System.out);
9           BufferedWriter bufwt = new BufferedWriter(outstr);
10          RandomAccessFile fisIn = new RandomAccessFile(FileName,"rw");
11          try{
12              System.out.print("请输入内容(按〈Enter〉键结束):\n");
13              str = bufred.readLine();
14              System.out.print("在路径 " + FileName + " 中存储内容...\n");
15              fisIn.writeBytes(str);
16              System.out.print("输出内容:\n");
17              bufwt.write(str);
18              bufwt.write((int)('\n'));
19              bufwt.flush();
20          }
21          catch(IOException ex){
22              System.out.println("输入/输出异常!");
23          }
24      }
25  }
```

程序分析：

第 3 行：定义文件路径。

第 6 行：定义输入文件类 InputStreamReader。

第 7 行：定义读入缓冲器 BufferedReader。

第 8 行：定义输出文件类 OutputStreamReader。

第 9 行：定义写入缓冲器 BufferedWriter。

第 10 行：定义随机读取类 RandomAccessFile。

第 13 行：读入流对象通过调用方法 readLine()实现按行读取信息。

第 15 行：将读取的信息写入文件流对象 fisIn 中。

第 17～19 行：将信息强制输出。

8.4.2　运行

本程序通过键盘输入字符流，并通过类 BufferedReader 缓存输入字符流，最后保存至文件。同样，在输出时，可以通过类 BufferedWriter 缓存输出字符流，最终实现信息的输出。

以上代码的运行结果如图 8-8 所示。

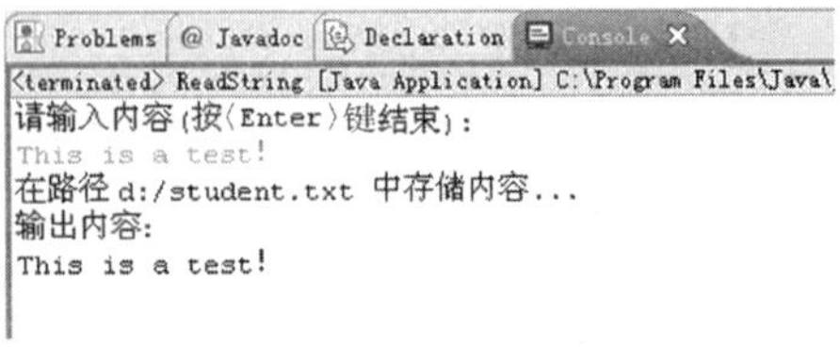

```
Problems  @ Javadoc  Declaration  Console
<terminated> ReadString [Java Application] C:\Program Files\Java\
请输入内容(按〈Enter〉键结束):
This is a test!
在路径 d:/student.txt 中存储内容...
输出内容:
This is a test!
```

图 8-8　字符串转换

8.4.3　知识点分析

1．字符流

同字节流类似，字符流通过抽象类 Reader 和 Writer 的子类来实现对字符流的处理，如图 8-9 和图 8-10 所示。对于每个抽象类而言，它们都由相应的子类来实现具体的功能，处理不同设备的输入和输出。

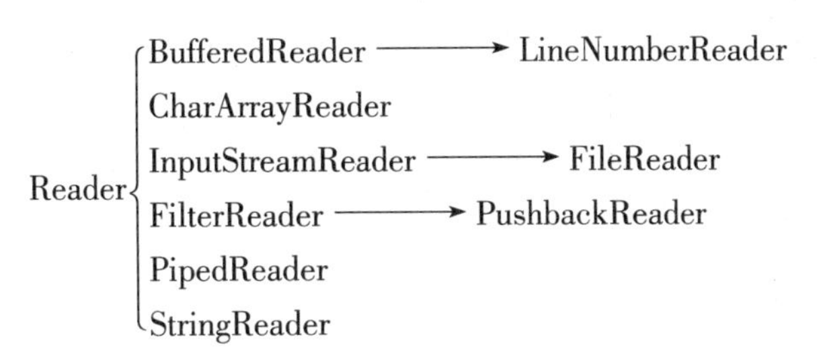

图 8-9　类 Reader 结构图

Writer
- BufferedWriter
- CharArrayWriter
- InputStreamWriter ——→ FilterWriter
- FileWriter
- PipedWriter
- StringWriter

图 8-10　类 Writer 结构图

2. 字符流常用的类

字符流的几个常用子类及功能介绍见表 8-2。

表 8-2　字符流常用子类及功能介绍

字　符　流　类	功　能　介　绍
StringReader	从字符串读取的输入流
StringWriter	写入字符串的输出流
FileReader	从文件读入的输入流
PushbackReader	返回一个字符到输入流，主要用于编译器的实现
PipedReader	输入管道
PipedWriter	输出管道
CharArrayReader	从字符数组读取的输入流
CharArrayWriter	写入字符数组的输出流
BufferReader	缓冲输入流
BufferWriter	缓冲输出流
FilterReader	实现 InputStream 接口的过滤输入流
FilterWriter	实现 OutputStream 接口的过滤输出流
InputStreamReader	将字节转换为字符的输入流
OutputStreamWriter	将字节转换为字符的输出流

从表 8-1 和表 8-2 可以看出，字符流和字节流中有很多具有相似功能的类，这些类的不同之处仅在于操作对象分别为字节和字符。字符流的读/写方法也与字节流类似，主要是方法 read( ) 和 write( )：

```
public abstract int read()throws IOException
public abstract void write()throws IOException
```

为了实现可以从键盘输入数据，在程序设计中需要使用类 InputStreamReader 和 BufferReader。类 InputStreamReader 是字节流通向字符流的桥梁，它可以将读取的字节转换为字符。在实现字节与字符的转换之前，首先设立缓冲区 BufferReader 提前从基本流读取多个字节，然后用方法 readLine( )读入一行字符，方法如下：

```
InputStreamReader instr = new InputStreamReader(System.in);
BufferedReader bufstr = new BufferedReader(instr);
…
bufstr = bufred.readLine();
…
```

在以上代码中，使用标准输入对象 System. in 创建了类 InputStreamReader 的对象 instr，同时创建一个缓冲输入流类 BufferedReader 的对象 bufred，然后用方法 readLine( )从键盘读入数据。

除了字节流和字符流以外，Java 也可以对 Java 中基本类型的数据流进行输入和输出。通过类 DataOutputStream 和 DataInputStream 可以实现对基本类型数据的读/写，同时可以根据 Java 中各种数据类型的字节数读入和写出若干字节，然后再组装成相应类型的数据。

3. DataInput 接口

类 DataInputStream 实现 DataInput 接口，并重写其中的方法：

```
boolean readBoolean()          //读入一个布尔值
byte readByte()                //读入一个 8 位字节
char readChar()                //读入一个 16 位的字符
double readDouble()            //读入一个 64 位 double 字符
float readFloat()              //读入一个 32 位 float 字符
void readFully(byte b)         //读所有字节
```

其中，参数 b 为读入数据的缓冲区。

```
void readFully(byte[] b,int off,int len)    //读所有字节
```

其中，参数 b 为读入数据的缓冲区；off 为数据的起始偏移量；len 为读入的字节数。

```
int readInt()                  //读一个 32 位整数
long readLong()                //读入一个 64 位的长整数
short readShort()              //读入一个 16 位的短整数
int skipByte(int n)            //跳过若干个字节
```

其中，参数 n 为跳过的字节数。

4. DataOutput 接口

类 DataOutputStream 实现的 DataOutput 接口，并重写其中的方法：

```
void writeBoolean(boolean b)   //写一个布尔值
void writeByte(byte b)         //写一个 8 位字节
void writeChar(char c)         //写一个 16 位字符
void writeFloat(float f)       //写 32 位 float 数
void writeDouble(double d)     //写 64 位 double 数
void writeInt(int I)           //写 32 位整数
void writeLong(long l)         //写 64 位长整数
void writeShort(short s)       //写 16 位短整数
```

本章小结

本章介绍如何实现数据的输入和输出，文件的操作方法，将数据（字节流或字符流）写入文件以及从文件中读回的方法等内容。

输入/输出是 Java 中常用的操作之一。在 Java 的标准输入/输出中，System. in、System. out、System. err 这 3 个对象分别表示输入流、输出流、错误输出流；它们可以通过 read( )、write( )、print( )、println( )等方法实现标准输入/输出。

文件（File）是最常见的数据源之一，因此对文件的操作十分重要。在 java. io 包中设计了一个文件类——File 类。在 File 类中包含了对于文件的基本操作，如获取文件名、文件路径、文件大小等。

在 java. io 包中定义了大量的类帮助开发人员实现 Java 的输入和输出。这些输入/输出类可以分为两类：一类是字节输入和输出，有抽象类 InputStream 和 OutputStream 以及它们的子类；另一类是字符输入和输出，有抽象类 Reader 和 Writer 以及它们的子类。除了字节流和字符流以外，Java 也可以对 Java 中基本类型的数据流进行输入和输出。通过类 DataOutputStream 和 DataInputStream 可以实现对基本类型数据的读/写。

第9章　多线程编程

支持多线程程序设计是Java的一个重要特点。多线程是指在单个的程序内可以同时运行多个不同的线程来完成不同的任务。本章主要介绍线程的概念、如何创建多线程的程序、线程的生存周期与状态的改变、线程的同步与互斥等内容。

9.1　任务1：时钟

【知识要点】• 线程的概念。
• 类Thread和Runnable接口概述。
• 创建线程（类Thread、Runnable接口）。

【典型案例】时钟的实时显示。

9.1.1　详细设计

本程序利用Runnable接口实现时钟的实时显示，代码如下：

```
1    import java.awt.*;
2    import java.awt.event.*;
3    import javax.swing.*;
4    import java.lang.*;
5    import java.util.*;
6    public class RunnableTest extends JFrame implements Runnable{
7        JPanel pnlMain;
8        JLabel lblTime;
9        Thread thdTime;
10       Date dateDisplay;
11       GregorianCalendar gCalendar;
12       String sDate,sTime;
13       public RunnableTest(){
14           super("Runnable接口线程演示");
15           pnlMain=new JPanel();
16           lblTime=new JLabel("");
17           Font ft=new Font("宋体",Font.BOLD,15);
18           setContentPane(pnlMain);
19           pnlMain.setLayout(null);
20           pnlMain.add(lblTime);
21           lblTime.setBounds(45,40,350,45);
22           lblTime.setFont(ft);
23           thdTime=new Thread(this);
24           thdTime.start();
25           setSize(400,150);
```

```
26          setVisible(true);
27      }
28      public void run(){
29          while (thdTime! =null){
30              displayTime();
31          }
32      }
33      public void displayTime(){
34          dateDisplay = new Date();
35          gCalendar = new GregorianCalendar();
36          gCalendar.setTime(dateDisplay);
37          sDate = "日期:" + gCalendar.get(Calendar.YEAR) + "年"
+(gCalendar.get(Calendar.MONTH) +1) + "月" + gCalendar.get(Calendar.DATE) + "日";
38          sTime = "时间:" + gCalendar.get(Calendar.HOUR) + ":"
+ gCalendar.get(Calendar.MINUTE) + ":" + gCalendar.get(Calendar.SECOND);
39          lblTime.setText(sDate + " , " + sTime);
40      }
41      public static void main(String args[]){
42          RunnableTest rd = new RunnableTest();
43      }
44  }
```

程序分析:

第 6 行：创建类 RunnableTest 继承于类 JFrame，并实现 Runnable 接口。

第 7 ~ 12 行:定义变量。

第 14 行:定义界面标题。

第 15 ~ 17 行:定义容器、标签和字体。

第 18 ~ 22 行:将组件进行界面布局。

第 23 ~ 24 行:定义线程,并启动线程。

第 28 ~ 32 行:重写方法 run(),在方法 run()中调用方法 displayTime()实现系统日期和时间的显示。

第 35 行:定义标准日历类 GregorianCalendar 的对象。

第 37 ~ 38 行:获得系统当前日期和时间。

第 39 行:在界面中显示日期和时间。

9.1.2　运行

本程序创建名称为“Runnable 接口线程演示”的图形用户界面，并在界面中实时显示当前日期和时间。当前日期和时间的显示是通过线程（实现 Runnable 接口）、重写方法 run()（调用方法 displayTime()）来实现的。在方法 displayTime()中，通过创建类 GregorianCalendar 的对象 gCalendar 来获得标准日历信息。

图 9-1　运行结果

以上代码的运行结果如图 9-1 所示。

9.1.3 知识点分析

1. 线程的概念

线程的概念来源于计算机操作系统中进程的概念。进程指程序的动态执行过程，是一个程序关于某个数据集和运算的执行。进程是运行中的程序，每个进程都需要独立的数据空间和代码。

线程也称为是轻量级进程（light weight process），与进程类似，线程是单个顺序流，它有自己独立的运行栈和程序计数器。

多线程（Multi-Thread）是指在单个的程序内可以同时运行多个不同的线程，即同时运行多个顺序流。图 9-2 说明了一个程序中同时运行两个线程。

在实际应用中，很多时候用户都需要进行多线程操作。例如，用户下载图片或者音视频文件时可能需要一段时间，因此用户希望在使用下载功能的同时，还可以执行文档浏览等功能，此时就需要使用多线程来实现用户的需求。

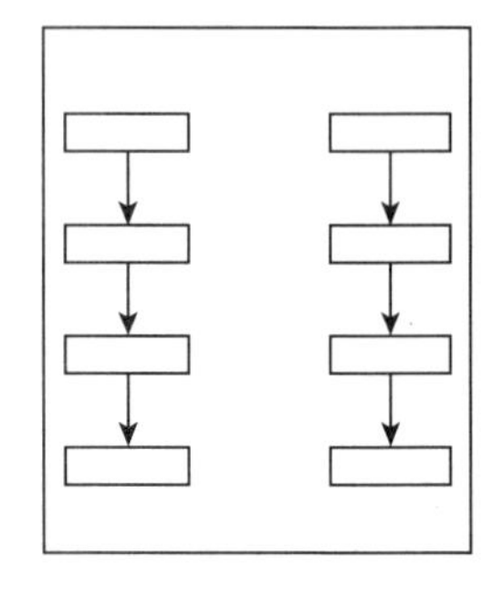
图 9-2 两个线程程序示意图

2. 类 Thread 和 Runnable 接口

多线程是指在一个程序中可以同时运行多个线程。在 Java 中，想要实现多线程编程，最常用的方法是继承类 Thread 或实现 Runnable 接口。

类 Thread 也是线程类，它的构造方法如下：

```
public Thread()
public Thread(Runnable target)
public Thread(String name)
public Thread(Runnable target,String name)
public Thread(ThreadGroup group,Runnable target)
public Thread(ThreadGroup group,String name)
public Thread(ThreadGroup group,Runnable target,String name)
```

其中，参数 target 为线程运行的目标对象，该对象的类型为 Runnable；name 为线程名；group 用于指定线程属于哪个线程组。

类 Thread 的常用方法如下：

```
public static Thread currentThread()    //返回当前正在执行的线程对象的引用
public void setName(String name)        //设置线程名
public String getName()                 //返回线程名
public static void sleep(long millis) throws InterruptedException
public static void sleep(long millis, int nanos) throws InterruptedException
//使当前正在执行的线程暂时停止执行指定的时间后,线程继续执行线程。该方法将抛出
InterruptedException 异常,并且必须用 catch 语句组捕获该异常
public void run()                       //线程的线程体
public void start()          //由 JVM 调用线程的方法 run(), 启动线程开始执行
public void setDaemon (boolean on)      //设置线程为 Daemon 线程
public boolean isDaemon ()              //返回线程是否为 Daemon 线程
public static void yield ()   //使当前执行的线程暂停执行，允许其他线程执行
public ThreadGroup getThreadGroup ()    //返回该线程所属的线程组对象
```

```
public void interrupt ()                  //中断当前线程
public boolean isAlive ()                 //返回指定线程是否处于活动状态
```

3. 创建线程

线程可以通过继承类 Thread 或者实现 Runnable 接口，并重写方法 run()实现。

（1）继承类 Thread 创建线程

通过继承类 Thread 并重写方法 run()，就可以创建属于类 Thread 的线程目标对象。

【例 9-1】 用 Thread 类创建线程的应用。

```
1    import java.util.Calendar;
2    import java.util.Date;
3    import java.util.GregorianCalendar;
4    public class CurrentTime extends Thread{
5        Date dateDisplay;
6        GregorianCalendar gCalendar;
7        String sDate,sTime;
8        boolean flag = true;
9        public void run(){
10           while (flag)
11           {
12               displayTime();
13               flag = false;
14               try{
15                   this.sleep(1000);
16               }
17               catch(InterruptedException e){
18                   System.out.println("线程错误,线程中断!");
19               }
20           }
21       }
22       public void displayTime()
23       {
24           dateDisplay = new Date();
25           gCalendar = new GregorianCalendar();
26           gCalendar.setTime(dateDisplay);
28           sTime = "时间:" + gCalendar.get(Calendar.HOUR) + ":" + gCalendar.get
(Calendar.MINUTE) + ":" + gCalendar.get(Calendar.SECOND);
29           sDate = "日期:" + gCalendar.get(Calendar.YEAR) + "年" + (gCalendar.
get(Calendar.MONTH) + 1) + "月" + gCalendar.get(Calendar.DATE) + "日";
30           System.out.println(sDate + " , " + sTime);
31       }
32       public static void main(String[] args) {
33           //TODO Auto - generated method stub
34           CurrentTime ct = new CurrentTime();
```

```
35            ct.run();
36        }
37    }
```

程序分析:

第 4 行: 创建类 CurrentTime 继承于类 Thread。

第 9 ~ 21 行: 重写方法 run,并在其中调用方法 displayTime( ),显示当前时间。

第 22 ~ 31 行:定义方法 displayTime( ),实现系统当前时间的获取和显示。

第 34 ~ 35 行:定义属于类 CurrentTime 的对象 ct,使对象 ct 调用方法 run( )实现线程运行。

上述程序通过继承类 Thread,并重写方法 run( ),实现了线程的运行,具体运行结果如图 9-4 所示。

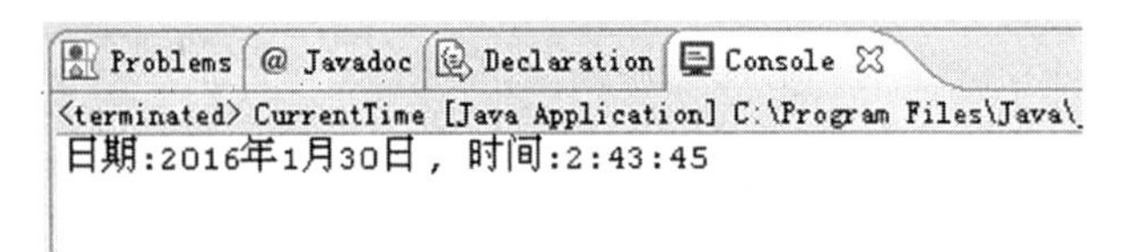

图 9-3　显示当前时间

(2) 实现 Runnable 接口创建线程

由于 Java 不具有多继承的功能,如果一个类已经继承了某个父类(非类 Thread),但同时它还需要实现多线程,显然再继承一个类 Thread 是无法实现的。为了解决这个问题,Java 提供了 Runnable 接口,通过实现 Runnable 接口也可以创建多线程。在定义一个类实现 Runnable 接口后,同样需要重写方法 run( ),才能最终实现多线程的运行。任务 1 中的实例即采用 Runnable 接口实现线程的创建。

9.2　任务 2: 线程监控

【知识要点】
- 线程的生命周期。
- 线程的优先级和调度策略。
- 线程状态的改变。

【典型案例】线程的监控。

9.2.1　详细设计

本程序实现创建多个线程,并观察和监控线程的创建和退出等活动状态,代码如下:

```
1    public class AliveAndJoin{
2        public static void main(String args[]){
3            MyThread mt = new MyThread("线程 MyThread");
4            System.out.println("------------------------------------");
5            System.out.println("线程 MyThread  是否处于运行状态:" +mt.t.isAlive());
6            try{
7                System.out.println("------------------------------------");
8                System.out.println("等待线程结束...");
9                mt.t.join();
10           }
11           catch(InterruptedException e){
```

```
12                  System.out.println("出现错误,线程中断!");
13              }
14              System.out.println("----------------------------------------");
15              System.out.println("线程 MyThread  是否处于运行状态:"+mt.t.isAlive
());
16              System.out.println("----------------------------------------");
17              System.out.println("主线程正在退出...");
18              }
19          }
20          class MyThread implements Runnable{
21          String name;
22          Thread t;
23          MyThread(String th){
24              name=th;
25              t=new Thread(this,th);
26              System.out.println("创建线程: "+th);
27              t.start();
28          }
29          public void run(){
30              try{
31                  Thread.sleep(1000);
32              }
33              catch(InterruptedException e){
34                  System.out.println(name+"中断");
35              }
36              System.out.println("----------------------------------------");
37              System.out.println(name+"  正在退出...");
38          }
39      }
```

程序分析：

第 3 行：创建线程类 MyThread 的对象。

第 5、15 行：查看线程的状态，判断它是否处于运行状态。

第 6 ~ 10 行：等待线程结束。

第 20 行：创建线程类 MyThread，实现 Runnable 接口。

第 25 行：创建属于类 Thread 的线程对象。

第 27 行：启动线程。

第 29 ~ 38 行：重写方法 run()，线程休眠一段时间后退出。

9.2.2　运行

本程序在主线程中展示了线程 MyThread 的创建、启动、运行和结束状态，并且通过方法 is Alive()实时查看该线程的运行状态。

以上代码的运行结果如图 9-6 所示。

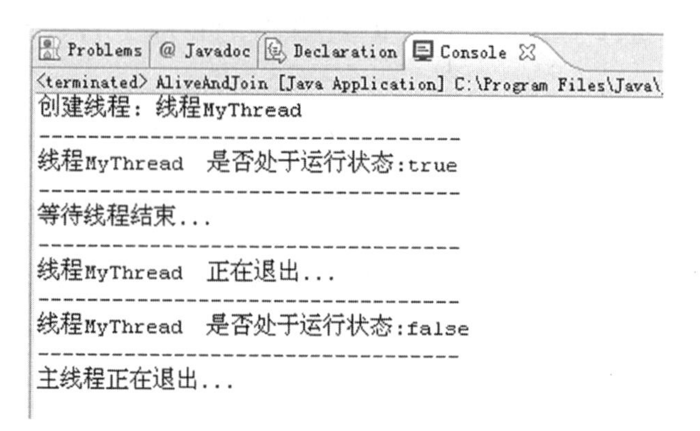

图 9-4 运行结果

9.2.3 知识点分析

1. 线程的生命周期

线程具有 5 个状态：新建、就绪、运行、阻塞、死亡，如图 9-5 所示。

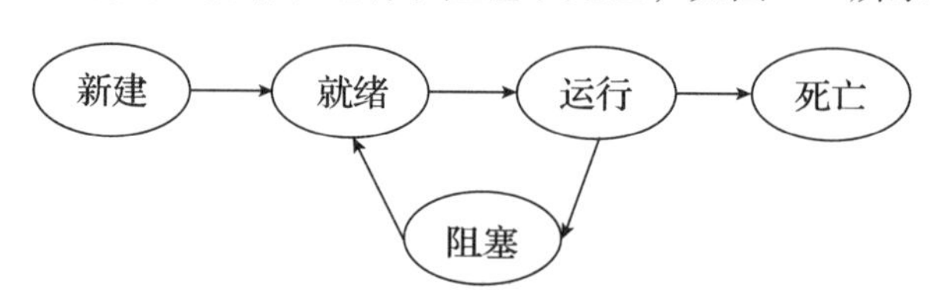

图 9-5 线程的 5 种状态

（1）新建状态（New Thread）

例如，创建一个属于类 Thread 的线程对象：

```
Thread th = new Thread(cp, name);
```

其中，第一个参数 cp 表示线程对象，第二个参数 name 是线程名。

虽然通过类 Thread 新建了线程对象 th，但是处于新建状态的线程由于系统并没有为其分配系统资源，所以它仅仅是一个空的线程对象。处于新建状态的线程无法调用其他任何方法，如果调用，则会引发 IllegalThreadStateException 异常。

（2）就绪状态（Runnable）

创建好的线程并不会直接运行，如果要执行该线程，则必须调用线程方法 start()，如 th.start()。方法 start()将创建线程运行时所需的系统资源，并调度线程运行的方法 run()。

在单 CPU 的计算机系统中，不能同时运行多个线程，一个时刻仅有一个线程处于运行状态。因此对于多线程而言，某个线程即使处于就绪状态也不一定能立即运行方法 run()，因为该线程还需要和其他处于就绪状态的线程竞争 CPU 使用时间，只有获得了 CPU 使用时间，线程才可以运行。对于多个处于就绪状态的线程，Java 会根据线程的优先级别，以及系统的线程调度程序（Thread Scheduler）来调度线程的运行。

（3）运行状态（Running）

处于就绪状态的线程在获得 CPU 的使用时间后，线程就进入了运行状态，真正开始执行方法 run()。例如任务 1 中，方法 run()执行对方法 display Time()的循环调用，循环的条件是 true，即循环条件永远成立。

```
public void run() {
    while (true) {
        displayTime();
        try {
            Thread.sleep(1000);
        } catch (InterruptedException e){…}
    }
}
```

(4) 阻塞状态 (Blocked)

线程在运行过程中，可能会由于某些原因而导致线程进入阻塞状态。阻塞状态是指正在运行的线程在没有结束之前，暂时让出 CPU 的使用。此时其他处于就绪状态的线程就可以获得 CPU 的使用时间，从而进入到运行状态。处于阻塞状态的线程，仍然可以重新获得 CPU 的使用时间，即恢复到运行状态。

(5) 死亡状态 (Dead)

死亡状态是指线程正常运行结束的状态，方法 run()返回后，线程就处于死亡状态。处于死亡状态的线程将不能再恢复执行。一般来说，线程必须通过方法 run()的自然结束而结束。在方法 run()中通常有一个循环，在循环结束后，就可以使线程从运行状态进入到死亡状态。例如，例 9-1 中方法 run()中的循环：

```
public void run(){
        while (flag)
        {
            displayTime();
            flag = false;
            try{
                this.sleep(1000);
            }
            catch(InterruptedException e){
                System.out.println("线程错误,线程中断!");
            }
        }
    }
```

2. 线程的优先级和调度策略

Java 的每个线程都有一个优先级，在单 CPU 的计算机中，由于在某一个时刻只能有一个线程正在运行，所以当有多个线程处于就绪状态时，线程调度程序会根据每个线程的优先级，进行线程运行先后的调度。

线程优先级的设置及返回方法如下：

```
public final void setPriority(int newPriority)    //设置线程的优先级
public final int getPriority()                    //返回线程的优先级
```

其中，参数 newPriority 为线程的优先级，其取值为 1～10 的整数，数值越大表示优先级越高。同时，该参数也可以用类 Thread 定义的常量来设置线程的优先级，这些常量值包括：Thread. MIN_PRIORITY (优先级：1)、Thread. NORM_PRIORITY (优先级：5)、Thread. MAX_

PRIORITY（优先级：10）。一般来说，只有当前线程停止或由于某些原因被阻塞时，具有较低优先级的线程才有机会被运行。

注意：在创建一个新线程时，如果没有指定它的优先级，则从创建该线程的类那里继承优先级。

通常线程调度的方式有以下两种：

1）抢占式调度策略。抢占式调度策略是一种简单的、固定优先级的调度算法。抢占式调度策略是指如果有一个处于就绪状态的线程，它的优先级比其他处于可运行状态的线程的优先级都高，那么Java的运行时系统就会暂停其余线程并运行该线程。简单地说，抢占式调度策略是优先级较高的线程会抢占其他优先级较低的线程。但是，Java运行时系统并不会抢占同优先级的线程。当系统中的处于就绪状态的线程都具有相同的优先级时，线程调度策略一般采用依次轮转的顺序调度。

2）时间片轮转调度策略。时间片轮转调度策略是指从所有处于就绪状态的线程中选择优先级最高的线程，并为该线程分配一段CPU使用时间，在这一段时间过后再选择其他线程运行一段CPU使用时间。当然，同抢占式调度策略相同，只有当线程完全运行结束或放弃对CPU的使用，或由于某些原因进入阻塞状态时，具有较低优先级的线程才可能被执行。如果有两个优先级相同的线程都在等待使用CPU，则调度程序一般会以依次轮转的方式顺序选择线程运行。

3. 线程状态的改变

一个线程在其生命周期中有新建、就绪、运行、阻塞、死亡5个状态，同时这些状态之间也可以从一种状态改变到另一种状态。线程状态之间的相互转换如图9-6所示。

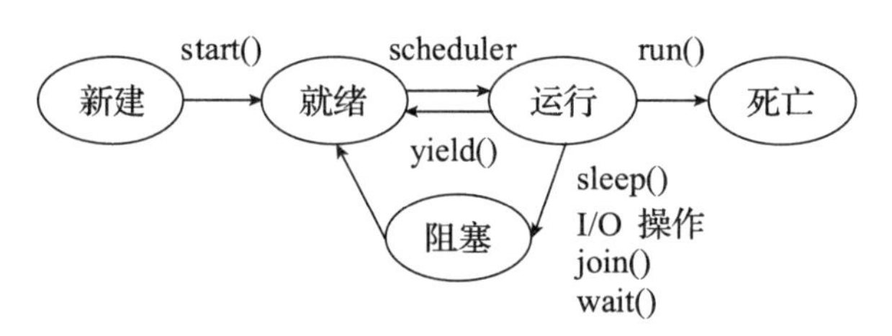

图9-6　线程状态的改变

（1）控制线程的启动和结束

在Java中，新建的线程通过调用方法start()来启动线程，此时该线程就进入就绪状态。处于就绪状态的线程按照线程调度规则获得了CPU的使用时间后，就进入运行状态并运行方法run()。一般线程的方法run()中含有循环结构，在循环结束后，线程的运行就结束了，此时线程进入死亡状态。如果方法run()是一个不确定循环，则线程可以通过调用方法stop()来结束线程，但是采用方法stop()可能会导致线程的死锁，所以一般不推荐使用这种方法来结束线程。如果开发人员希望方法run()能顺利运行并正常结束，一般会在循环中设置一个标示符，通过在程序中改变标示符的值来结束方法run()，即结束线程。

（2）线程阻塞

处于运行状态的线程可能会由于某些原因而回到就绪状态，或者进入阻塞状态。

1）运行状态到就绪状态。处于运行状态的线程如果调用了方法yield()，那么它将放弃CPU的使用时间，并使线程从当前的运行状态回到就绪状态。线程的方法yield()可以使耗时的线程暂停执行一段时间，从而为其他线程提供运行的机会。

此时，如果没有其他处于就绪状态的线程，那么这个线程就会继续运行；如果所有处于就绪状态的线程优先级都比较低时，此线程也会继续运行；如果回到就绪状态的线程需要和其他线程竞争 CPU 的使用时间，此时会根据线程之间优先级的情况，以及线程调度策略来决定线程使用 CPU 时间的先后。

2）运行状态到阻塞状态。由于某些原因，可能会导致原本处于运行状态的线程进入阻塞状态，当进入阻塞状态的线程满足某些条件时就可以恢复到就绪状态。使线程进入阻塞状态的原因有很多，例如：

① 若线程调用方法 sleep( )，则线程就会进入休眠状态，此时该线程会停止执行一段时间。当休眠时间结束时，该线程就会恢复到就绪状态，继续与其他线程竞争 CPU 的使用时间。

类 Thread 中定义了一个方法 interrupt( )，通过调用该方法可以使一个处于休眠状态的线程恢复到就绪状态。

② 如果一个线程需要进行 I/O 操作（如用户从键盘输入数据），则程序需要用一段时间来等待用户完成数据的输入。如果此时该线程一直占用 CPU，则同一时间内其他线程就无法运行，这种情况被称为 I/O 阻塞。

③ 有时一个线程需要在另一个线程执行结束后再才能继续执行，这时可以调用方法 join( ) 实现。方法 join( )会使当前线程暂停运行，进入阻塞状态，当其他线程结束后，或已满足指定时间后，当前线程就会恢复到就绪状态。它有以下 3 种格式：

```
public void join() throws InterruptedException   //使当前线程暂停执行,等待调用该方法的线程结束后再执行当前线程
public void join(long millis) throws InterruptedException   //最多等待指定的时间后,当前线程继续执行
public void join(long millis, int nanos) throws InterruptedException   //可以指定多少毫秒或多少纳秒后继续执行当前线程
```

④ 线程调用方法 wait( )时，会时线程进入阻塞状态。线程如果想要恢复到就绪状态，则需要调用方法 notify( )或 notifyAll( )使等待结束。

⑤ 如果线程不能获得对象锁，则也将进入就绪状态。

9.3 任务 3：火车票购票系统模拟

【知识要点】
- 资源冲突。
- 对象锁。
- 线程间的同步控制。
- 线程组。

【典型案例】火车票购票系统模拟。

9.3.1 详细设计

本程序实现通过创建多个线程进行同时购票，来实现火车票购票系统的模拟，代码如下：

```
1    public class SaleTicket{
2        public static void main(String aregs[]){
3            ThreadSellTciket sTicket = new ThreadSellTciket () ;
4            new Thread(sTicket).start();
5            new Thread(sTicket).start();
```

```
6            new Thread(sTicket).start();
7        }
8    }
9    class ThreadSellTciket implements Runnable{
10       private int tickets =10 ;
11       boolean flag = true;
12       public void run(){
13           while (flag){
14               sale();
15           }
16       }
17       synchronized public void sale(){
18           if(tickets >0){
19               try{
20                   Thread.sleep(100) ;
21               }
22               catch(Exception e){
23                   e.printStackTrace();
24               }
25               System.out.println(Thread.currentThread().getName() + "正在卖
票:" + ticketCount);
26               tickets --;
27           }
28           else{
29               flag = false;
30           }
31       }
32   }
```

程序分析：

第 3 行：创建属于类 ThreadTest 的对象 sTicket。

第 4 ~ 6 行：创建 3 个同优先级的线程。

第 9 行：创建类 ThreadTest，实现接口 Runnable。

第 12 ~ 15 行：重写方法 run( ),在方法 run( )中调用方法 sale( )。

第 17 行：创建同步方法 sale( )。

第 18 ~ 27 行：各个售票线程对 10 张车票共同进行售票。

第 29 行：如果车票销售完，则将标示符 flag 的值设置为 false，此时方法 run( )的循环条件不满足，从而结束方法 run( )，即结束线程。

9.3.2　运行

本程序模拟了 3 个售票窗口（3 个线程）同时售票的情况，由于在线程间添加了同步控制(synchronized public void sale( ))，所以 3 个窗口同时售票不会出现售票重复的情况。

以上代码的运行结果如图 9-7 所示。

```
Problems @ Javadoc Declaration Console
<terminated> SaleTicket [Java Application] C:\Program Files\Java\
Thread-1正在卖票:10
Thread-1正在卖票:9
Thread-0正在卖票:8
Thread-0正在卖票:7
Thread-0正在卖票:6
Thread-0正在卖票:5
Thread-0正在卖票:4
Thread-0正在卖票:3
Thread-0正在卖票:2
Thread-0正在卖票:1
```

图9-7　运行结果

9.3.3　知识点分析

在多线程时，往往会出现多个线程共享数据资源的情况，这就涉及线程的同步与资源共享的问题。

1. 资源冲突

当多个线程共享资源时，如果不加以控制，很可能会导致线程之间发生冲突。例如，将任务3代码中方法sale()前面的synchronized关键字去除，修改的代码如下：

```
public void sale(){
    if(ticketCount >0){
        try{
            Thread.sleep(100);
        }
        catch(Exception e){
            System.out.println(e.getMessage());
        }
         System.out.println(Thread.currentThread().getName() + "正在卖票:" +
ticketCount);
        ticketCount --;
    }
    else{
        flag = false;
    }
}
```

运行修改后的代码，运行结果如图9-8所示。

```
Problems @ Javadoc Declaration Console
<terminated> SaleTicket [Java Application] C:\Program Files\Java\
Thread-1正在卖票:10
Thread-0正在卖票:10
Thread-2正在卖票:10
Thread-2正在卖票:7
Thread-1正在卖票:7
Thread-0正在卖票:7
Thread-2正在卖票:4
Thread-0正在卖票:4
Thread-1正在卖票:4
Thread-0正在卖票:1
Thread-2正在卖票:1
Thread-1正在卖票:1
```

图9-8　资源冲突

从以上运行结果可以看出，多个线程同时进行售票时，模拟的不同线程（窗口）会售出同一张票。也就是说，当多个线程对同一资源进行共享时，可能会出现资源共享冲突的问题。这个问题将导致程序无法实现预期效果。

2. 对象锁

当多个线程访问同一个对象时，往往会造成一定的冲突。为了避免冲突并确保运行结果的正确性，在 Java 中经常使用 synchronized 关键字来限制方法的性质。用 synchronized 关键字修饰的方法称为同步方法。Java 会为每个具有 synchronized 代码段的对象关联一个对象锁（Object Lock）。这样任何线程在访问对象的同步方法时，首先必须获得对象锁，然后才能访问同步方法，此时其他线程将无法访问该对象的同步方法。这样就可以避免因多个线程同时访问同一个对象而可能产生的冲突。

实现对象锁的常用方法如下：

1）在方法的前面采用 synchronized 修饰符，表示该方法为同步方法。

例如，在任务 3 的方法 sale( )的声明中添加 synchronized 关键字进行修饰：

```
synchronized public void sale(){…}
```

使用 synchronized 关键字修饰的方法如果要被调用，则必须先获得其对象锁，然后才能访问 synchronized 方法。在某一时刻，对象锁只能被一个线程获得。如果一个线程获得了对象锁，此时其他线程就不能再获得该对象锁，也无法访问这个同步方法，必须等待持有该对象锁的线程释放对象锁之后，才能继续获得对象锁并调用同步方法。

由于使用了 synchronized 关键字修饰后，可以避免多个线程对同一资源的访问冲突，因此称该类对象是线程安全的，否则是线程不安全的。

2）对于开发人员自己定义的类而言，在方法前加上 synchronized 修饰符是很容易实现的。但是如果在程序开发时使用类库中定义的一些类，这些类的方法前面往往没有 synchronized 关键字修饰，此时如果想要获得对象锁，则可以使用下面的格式：

```
synchronized(object){
    //方法调用
}
```

对象锁的获得和释放是由 Java 自动完成的。每个类也可以有类锁，用于控制对类的 static synchronized 代码的访问。请看下面的例子：

```
public class X{
    static int x,y;
    static synchronized void add(){
        System.out.println(x+"+"+y+"="+(x+y));
    }
}
```

以上代码中调用线程必须获得 X 类的类锁，才能调用方法 add( )。

3. 线程间的同步控制

在多线程的程序设计过程中，除了要防止资源共享时可能发生的冲突以外，还需要保证线程间的同步性。例如，在餐饮店有 10 位顾客正在等待用餐，店员每准备好一份快餐，就会让一位顾客领走这份快餐，然后店员继续准备下一位顾客的快餐，依次类推。在这个实例中，要求店员准备好一份快餐，顾客取走一份快餐，这就涉及两个线程之间的同步问题。

这个问题可以通过店员和顾客两个线程来实现，它们共享 fastFood 一个对象。如果不加控制就得不到预期的结果。

【例 9-2】 线程间同步控制的应用。

```
class fastFood{
    private int content ;
    public synchronized void Saler(int value){
    content =value;
    }
    public synchronized int Client(){
    return content ;
    }
}
```

其中 fastFood 的对象为共享资源。方法 Saler( ) 和 Client( ) 都使用了 synchronized 关键字修饰，所以当这两个方法被调用时，线程可以获得相应的对象锁，从而有效地避免了资源冲突。

为了实现线程间的同步，开发人员在程序设计时可以采用监视器（Monitor）模型，同时调用对象的方法 wait( ) 和 notify( ) 来实现同步。

方法 wait( ) 将会使当前线程进入阻塞状态。当等待时间结束，或者调用了该对象的方法 notify( ) 或 notifyAll( )，则该线程将从阻塞状态恢复到运行状态。方法 wait( ) 的定义格式如下：

```
public final void wait()
public final void wait(long timeout)
public final void wait(long timeout, int nanos)
```

其中，参数 timeout 和 nanos 为等待的时间（单位为毫秒和纳秒）。

注意： 方法 wait( ) 会抛出异常 InterruptedException，因此在程序中也必须声明异常，以及有相应的 catch 语句组捕获该异常。

方法 notify( ) 和 notifyAll( ) 可以唤醒处于等待对象锁的一个或所有的线程，使这些线程重新恢复到运行状态。它的定义格式如下：

```
public final void notify()
public final void notifyAll()
```

方法 wait( )、notify( ) 和 notifyAll( ) 是类 Object 定义的方法，并且这些方法只能在 synchronized 代码段中使用。

4. 线程组

线程组实现了将多个线程组织成一个线程组对象来管理的机制。例如，对于一个线程组，可以使用一个方法启动同一线程组中的所有线程。

线程组由 java. lang 包中的类 ThreadGroup 实现。它的构造方法如下：

```
public ThreadGroup(String name)
public ThreadGroup(ThreadGroup parent, String name)
```

其中，参数 name 为线程组名，parent 为线程组的父线程组。

创建一个新线程时，Java 会自动将其放入一个线程组。当然，开发人员也可以在创建新线程时指定它所属的线程组。确定了线程所属的线程组后，将不能修改、不能删除。

在应用程序启动后，Java 运行时系统会创建一个名为 main 的线程组对象。如果新建的线程没有明确指定所属的线程组时，新建的线程将属于 main 线程组。但是如果在 Applet 中创建线程，则新线程组可能不是 main 线程组，它依赖于使用的浏览器或 Applet 查看器。

在一个线程组内可以创建多个线程，也可以创建其他线程组，如图 9-9 所示。

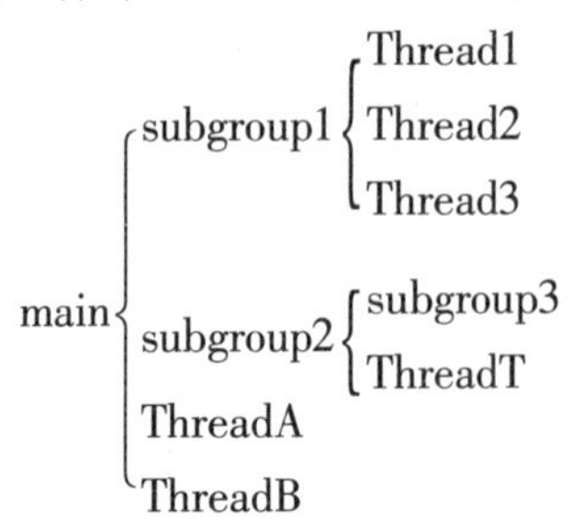

图 9-9　线程组的结构

创建属于某个线程组的线程的构造方法如下：

```
public Thread(ThreadGroup group, Runnable target)
public Thread(ThreadGroup group, String name)
public Thread(ThreadGroup group, Runnable target, String name)
```

例如：

```
ThreadGroup myThreadGroup = new ThreadGroup("My Group is belong to ThreadGroup");
Thread myThread = new Thread(myThreadGroup,"a thread for my group");
```

调用线程对象的方法 getThreadGroup()可以得到该线程所属的线程组名，例如：

```
myThread.getThreadGroup().getName()
```

在获得线程组对象之后，就可以了解该线程组的信息，或者调用修改线程组中的线程的方法，如控制线程组中线程的挂起、恢复或停止等状态。

线程组类提供了线程组操作的常用方法：

```
public final String getName()           //返回线程组名
public final ThreadGroup getParent() //返回线程组的父线程组对象
public final void setMaxPriority(int pri) //设置线程组的最大优先级,线程组中的线程不能超过该优先级
public final int getMaxPriority()       //返回线程组的最大优先级
public boolean isDestroyed()            //测试该线程组对象是否已被销毁
public int activeCount()                //返回该线程组中活动线程的估计数
public int activeGroupCount()           //返回该线程组中活动线程组的估计数
public final void destroy()  //销毁该线程组及其子线程组对象,当前线程组的所有线程必须已经停止
```

本章小结

本章主要介绍了线程的概念、如何创建多线程的程序、线程的生存周期与状态的改变、线程的同步与互斥等内容。

线程是进程中的一个单个顺序流。多线程是指在一个程序内可以同时运行多个线程。

在Java中创建线程的方法有两种：一种是继承类Thread并重写其方法run()，另一种是实现Runnable接口并实现其方法run()。

一个线程在其生命周期中有新建、就绪、运行、阻塞、死亡5个状态，同时这些状态之间也可以从一种状态改变到另一种状态。例如，处于运行状态的线程可能因为某些原因而进入阻塞状态，处于阻塞状态的线程也可以在满足某些条件后恢复到就绪状态。

Java中每个线程都有自己的优先级，当有多个线程处于就绪状态时，将根据线程的优先级，以及线程调度策略来实现线程运行的顺序。常用的线程调度策略有抢占式调度策略和时间片轮转调度策略。抢占式调度策略是指如果有一个处于就绪状态的线程，它的优先级比其他处于可运行状态的线程的优先级都高，那么Java的运行时系统就会暂停其余线程并运行该线程。时间片轮转调度策略是指从所有处于就绪状态的线程中选择优先级最高的线程，并为该线程分配一段CPU使用时间，在这一段时间过后再选择其他线程运行一段CPU使用时间。

对于单个顺序流的线程而言，它是独立的、异步执行的。但是，多个线程往往会涉及线程的同步与资源共享的问题。为了解决资源冲突的问题，Java通过同步方法和线程间的同步控制来解决这一问题。同步方法是指用synchronized关键字修饰某个方法，Java会为每个具有synchronized代码段的对象关联一个对象锁（Object Lock）。这样，任何线程在访问对象的同步方法时，首先必须获得对象锁，然后才能访问同步方法，此时其他线程将无法访问该对象的同步方法。这样就可以避免因多个线程同时访问同一个对象而可能产生的冲突。

在创建线程的同时，可以指明线程所在的线程组。线程组是指将多个线程组织成一个线程组对象来管理的机制。对于一个线程组，可以使用一个方法启动同一线程组中的所有线程。

在线程的创建过程中，所有Java线程都属于某个线程组。

第 10 章　网络编程

Java 具有强大的网络软件开发功能，因为它拥有一套强大的用于网络的 API，这些 API 是在包 java. net 和 javax. net 中的一系列类和接口。本章将介绍 Java 网络编程中的类 InetAddress、Socket（套接字），并介绍在 UDP 下如何进行网络通信。

10.1　任务 1：获取主机信息

【知识要点】 • IP 地址。

• 类 InetAddress。

【典型案例】获取主机信息。

10.1.1　详细设计

本程序实现通过键盘输入主机名，然后通过程序获得主机的相关信息，代码如下：

```
1    import java.net.*;
2    import java.util.Scanner;
3    public class ServerInfo {
4        public static void main(String[] args)throws Exception{
5            String hostName,hostAddress,cHostName;
6            System.out.println("请输入主机名称:");
7            Scanner sc = new Scanner(System.in);
8            hostName = sc.nextLine();
9            try{
10               InetAddress ia = InetAddress.getByName(hostName);
11               hostName = ia.getHostName();
12               hostAddress = ia.getHostAddress();
13               cHostName = ia.getCanonicalHostName();
14               System.out.println("主机:" + ia);
15               System.out.println("主机名称为:" + hostName);
16               System.out.println("IP 地址为:" + hostAddress);
17               System.out.println("标准主机名为:" + cHostName);
18               System.out.println("------------------------------------------------
------------");
19               InetAddress iaSun = InetAddress.getByName("www.sun.com");
20               System.out.println("主机:" + iaSun);
21               System.out.println("主机名称为:" + iaSun.getHostName());
22               System.out.println("IP 地址为:" + iaSun.getHostAddress());
23               System.out.println("标准主机名为:" + iaSun.getCanonicalHostName());
24           }catch(UnknownHostException uhe){
25               System.err.println("名称有误或网络不通!");
26           }
```

```
27        }
28    }
```

程序分析：

第 6 ~ 8 行：输入主机名。

第 10 行：根据主机名创建一个类 InetAddress 的对象。

第 11 ~ 13 行：获得主机名称、地址、标准主机名。

第 19 行：根据网址创建一个类 InetAddress 的对象。

第 20 ~ 23 行：获得主机、主机名称、地址、标准主机名并显示。

10.1.2　运行

本程序分别获得了输入的主机名（localhost）和网络地址（www. sun. com）的主机名 getHostName()、IP 地址 getHostAddress()、标准主机名 getCanonicalHostName ()。

当输入的主机名为 localhost 时，以上代码的运行结果如图 10-1 所示。

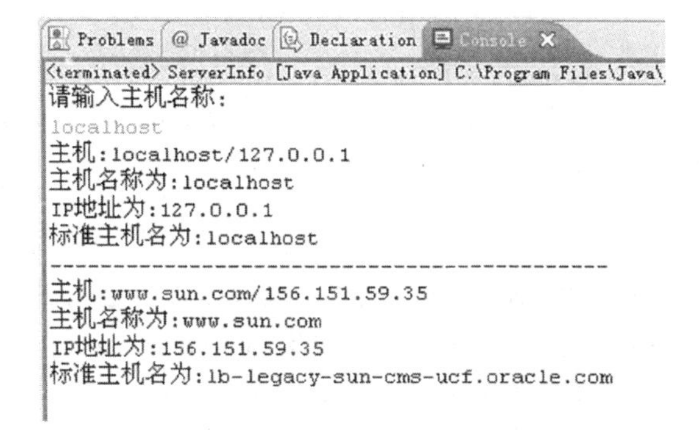

图 10-1　运行结果

10.1.3　知识点分析

1. IP 地址

IP 地址（IP Address）是互联网协议地址（Internet Protocol Address）的缩写。IP 地址是 IP 提供的一种统一的地址格式，它为互联网上的每一个网络和每一台主机分配一个逻辑地址，通过 IP 地址可以屏蔽物理地址存在的差异。最初的 IP 地址都是由 32 位二进制数来表示的，这种地址格式称为 IPv4（Internet Protocol, version 4），如 159. 226. 1. 1。IPv4 地址可以视为网络标识号码与主机标识号码两部分，因此此类 IP 地址可分两部分组成，一部分为网络地址，另一部分为主机地址。随着 Internet 的发展，IPv4 的地址已不能满足需求，因此诞生了另一种地址格式 IPv6（Internet Protocol, version 6）。IPv6 地址长度为 128 位，即使用 128 位二进制数来表示一个 IP 地址。目前，IP 的版本号是 4（简称为 IPv4），但是随着时间的推移，IPv6 很可能会取代 IPv4 成为主要的 IP 地址。

2. 类 InetAddress

类 InetAddress 描述了 32 位或 128 位 IP 地址。类 InetAddress 主要包括 Inet4Address 和 Inet6Address 两个子类。其中 InetAddrress 是父类，Inet4Address 和 Inet6Address 是继承于 InetAddrress 的子类。

类 InetAddress 的对象包含一个 Internet 主机地址的域名和 IP 地址。类 InetAddress 没有构造方法，所以不能直接创建 InetAddress 对象。但是一般可以通过以下的静态方法来创建一个 InetAddress 对象或 InetAddress 数组：

```
getAllByName(String host)                //返回一个 InetAddress 对象数组的引用
```

这个方法获得表示相应主机名的 IP 地址，这个 IP 地址通过 host 参数传递。对于指定的主机，如果没有对应的 IP 地址，那么将抛出一个 UnknownHostException 异常。

```
getByAddress(byte [] addr)               //返回一个 InetAddress 对象的引用
```

这个方法获得 IPv4 地址（32 位）或 IPv6 地址（128 位），如果返回的数组既不是 32 位的也不是 128 位，那么将抛出一个 UnknownHostException 异常。

```
getByAddress(String host, byte [] addr)  //返回一个 InetAddress 对象的引用
```

这个方法获得由 host 和 32 位或 128 位的 addr 数组指定的 IP 地址，如果返回的数组既不是 32 位的也不是 128 位，那么将抛出一个 UnknownHostException 异常。

```
getByName(String host)                   //返回一个 InetAddress 对象
```

这个方法获得与 host 参数所指定的主机相对应的 IP 地址，对于指定的主机，如果没有 IP 地址存在，那么将抛出一个 UnknownHostException 异常。

```
getLocalHost()                           //返回一个 InetAddress 对象
```

这个方法获得本地主机的 IP 地址，本地主机一般包括客户主机和服务器主机。

以上的方法中，一般会返回一个或多个 Inet4Address/Inet6Address 对象的引用。类 InetAddress 和它的子类型对象需要使用域名系统来实现主机名到主机 IPv4 或 IPv6 地址的转换。例如：

```
InetAddress ia = InetAddress.getByName("www.sun.com");
getCanonicalHostName ()                  //从域名服务中获得标准的主机名
getHostAddress ()                        //获得 IP 地址
getHostName ()                           //获得主机名
isLoopbackAddress ()                     //判断 IP 地址是否是一个 loopback 地址
```

10.2 任务 2：客户/服务器通信

【知识要点】
- Scoket 概述。
- 类 Socket。
- 类 ServerSocket。

【典型案例】客户/服务器通信。

10.2.1 详细设计

本程序实现通过编写服务器端和客户端程序，实现服务器和客户的通信，代码如下。

客户端：

```
1    import java.io.IOException;
2    import java.io.InputStream;
3    import java.io.OutputStream;
4    import java.net.Socket;
```

```
5    public class JavaSocketClient {
6        public static void main(String[] args) {
7            try {
8                Socket client = new Socket("localhost",3434);
9                byte[] buffer = new byte[1024];
10                   int dataLength = 0;
11                   StringBuffer stringBuffer = new StringBuffer();
12                   OutputStream outputStream = client.getOutputStream();
13                   InputStream inputStream = client.getInputStream();
14                   outputStream.write("Client:猴年快乐".getBytes());
15                   while((dataLength = inputStream.read(buffer))! = -1) {
16                       if(dataLength > 0) {
17                           stringBuffer.append(new String(buffer,0,dataLength));
18                           System.out.println("Server send:" + stringBuffer.
toString());
19                           outputStream.close();
20                           inputStream.close();
21                           break;
22                       }
23                   }
24               } catch (IOException e) {
25                   e.printStackTrace();
26               }
27           }
28   }
```

程序分析：

第8行：建立与服务器的连接。

第9行：初始化网络缓存。

第10行：定义有效数据长度。

第11行：存放有效数据。

第12~13行：初始化输入/输出流。

第15~22行：获取网络数据。

第19~20行：关闭输入/输出流。

服务器端：

```
1    import java.io.IOException;
2    import java.io.InputStream;
3    import java.io.OutputStream;
4    import java.net.ServerSocket;
5    import java.net.Socket;
6    public class JavaSocketServer {
7        public static void main(String[] args) {
8            try {
9                ServerSocket server = new ServerSocket(3434);
```

```
10            byte[] buffer = new byte[1024];
11            int dataLength = 0;
12            StringBuffer stringBuffer = new StringBuffer();
13            while(true) {
14                Socket client = server.accept();
15                OutputStream outputStream = client.getOutputStream();
16                InputStream inputStream = client.getInputStream();
17                stringBuffer.delete(0, stringBuffer.length());
18                while((dataLength = inputStream.read(buffer)) ! = -1) {
19                    if(dataLength > 0) {
20                        stringBuffer.append(new String(buffer, 0, dataLength));
21                        System.out.println("Client send:" + stringBuffer.
toString());
22                        outputStream.write("Server:猴年快乐".getBytes());
23                        outputStream.close();
24                        inputStream.close();
25                        client.close();
26                        break;
27                    }
28                }
29            }
30        } catch (IOException e) {
31            e.printStackTrace();
32        }
33    }
34 }
```

程序分析：

第 9 行：建立 Socket 服务器。

第 10 行：初始化网络缓存。

第 11 行：定义有效数据长度。

第 12 行：存放数据。

第 14 行：创建客户端对象。

第 15 ~ 16 行：初始化输入/输出流。

第 17 行：清空网络。

第 18 ~ 28 行：获取网络数据。

第 25 行：关闭客户端。

10.2.2　运行

本程序利用 Socket 进行通信。创建端口号为 3434 的客户端，在客户端通过类 StringBuffer 实现信息的缓存，客户端可以向服务器端发送信息请求，也可以获得来自服务器端的信息；服务器端可以接收来自客户端的请求，也可以向客户端发送信息。

客户端运行结果如图 10-2 所示。

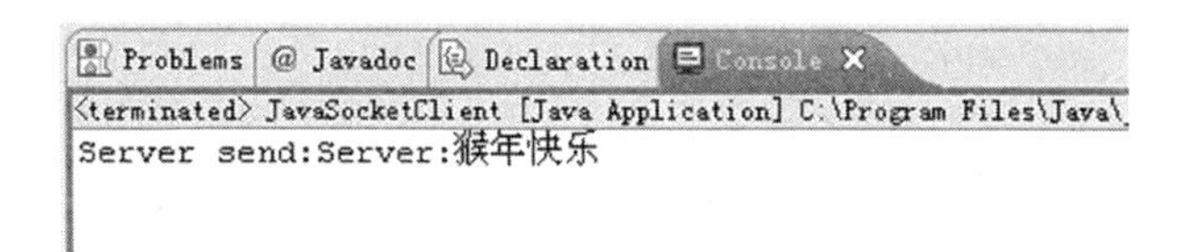

图 10-2　客户端运行结果

服务器端运行结果如图 10-3 所示。

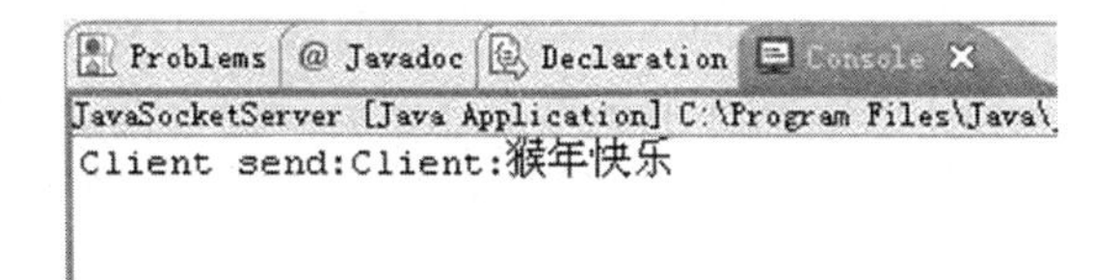

图 10-3　服务器端运行结果

10.2.3　知识点分析

1. Socket 概述

Socket（套接字）是 TCP/IP 中的基本概念，可以看作不同主机之间的进程进行双向通信的端点。简单地说，就是通信的两方的一种约定，用 Socket 中的相关函数来完成通信的过程。Socket 可以用来实现将 TCP/IP 包发送到指定的 IP 地址。常用的 TCP/IP 的 Socket 类型有 SOCK_STREAM（流套接字）、SOCK_DGRAM（数据报套接字）、SOCK_RAW（原始套接字）。

Network API 主要依靠 Socket 进行通信。Socket 可以看成在两个程序的通信连接中的一个端点，一个程序将一段信息写入 Socket 中，Socket 可以将这段信息发送给另一个 Socket，从而使得这段信息能够传送到其他程序。

在两个网络应用程序之间，发送和接收信息都需要建立一个可靠的连接，Socket 依靠 TCP 就可以建立应用程序两端的可靠链接，从而确保信息能正确到达目的地。如果在传输的过程中，IP 包发生了丢失或错误的情况，作为接收方的 TCP 将联系发送方的 TCP，要求发送方重新发送这个 IP 包。

Socket 在客户/服务器程序中扮演着十分重要的角色。服务器端程序启动后，服务器应用程序将监听特定的端口，等待来自客户端的连接请求。当接收到一个来自客户端的连接请求后，客户端和服务器就建立了一个通信连接。在连接过程中，客户端将会被分配一个本地端口号和一个 Socket 连接，客户端向 Socket 写信息并发送给服务器，服务器从 Socket 中读取客户端信息。同样地，服务器也将获得一个本地端口号，同时它还需要一个新的端口号来监听原始端口上的其他连接请求。服务器也会给它的本地端口连接一个 Socket，并且通过读/写 Socket 来实现与客户端进行通信。

以上工作中主要涉及 3 个类：InetAddress、Socket 和 ServerSocket，这 3 个类均在 java. net 包中。其中，类 InetAddress 的对象获得主机的相关信息，Socket 的对象表示客户程序流套接字，类 ServerSocket 的对象表示服务程序流套接字。

2. 类 Socket

当客户程序需要与服务器程序进行通信时，客户程序会在客户端创建一个 Socket 对象。类 Socket 可以通过构造方法创建一个基于 Socket 的连接服务器端流套接字，常用的构造方法如下：

```
Socket(InetAddress addr,int port);
Socket(String host,int port);
```

其中，参数 addr 获得服务器主机的 IP 地址；参数 host 被分配到 InetAddress 对象中，如果没有 IP 地址与 host 参数一致，将抛出 UnknownHostException 异常；参数 port 获得服务器的端口号。如果连接已经建立，网络 API 将在客户端基于 Socket 的流套接字中捆绑客户程序的 IP 地址和任意一个端口号，否则会抛出一个 IOException 异常。

Socket 对象可以通过调用方法 getInputStream( )从服务程序中获得输入流传送来的信息，也可以通过调用方法 getOutputStream( )使得输出流发送消息给服务程序。在 Socket 对象完成读/写操作之后，客户程序将调用方法 close( )关闭输入/输出流和流套接字。例如，任务 2 中的相关代码：

```
Socket client =new Socket("localhost",3434);  //创建 Socket 对象
…
outputStream.close();  //关闭输入/输出流
inputStream.close();
```

3. 类 ServerSocket

服务程序使用流套接字 ServerSocket。ServerSocket 的构造方法如下：

ServerSocket (int port);

其中，参数 port 是传递端口号，这个端口用于服务器监听连接请求。利用这个构造方法将创建一个 ServerSocket 对象并开始准备接收连接请求，如果这时出现错误将抛出 IOException 异常。

接下来服务程序将进入无限循环。无限循环从调用 ServerSocket 的方法 accept( )开始，该方法将导致调用线程阻塞，一直到连接建立。在建立连接后，方法 accept( )将返回一个最近创建的 Socket 对象，这个 Socket 对象绑定了客户程序的 IP 地址或端口号。

在某些场合，一个服务程序需要与多个客户程序进行通信。如果服务程序响应客户程序花费的时间较长，则会导致客户程序花费很多时间等待通信的建立。为了缩短客户程序连接请求的响应时间，一个较好的解决方法是在服务器主机端运行一个专门处理服务程序和客户程序通信的后台线程。

10.3　任务3：局域网聊天系统

【知识要点】
- UDP 概述。
- 类 DatagramPacket。
- 类 DatagramSocket。

【典型案例】局域网聊天系统。

10.3.1　详细设计

本程序利用网络编程技术实现一个局域网的聊天系统，代码如下：

客户端：

```
1    import java.net.*;
2    import java.io.*;
3    public class ClientOfUDP{
```

```
4        private DatagramSocket ds;
5        private InetAddress ia;
6        private byte[] buf = new byte[1000];
7        private DatagramPacket dp = new DatagramPacket(buf,buf.length);
8        public ClientOfUDP(){
9            try{
10               ds = new DatagramSocket();
11               ia = InetAddress.getByName("localhost");
12               System.out.println("客户端已经启动");
13               while(true){
14                   String sMsg = "";
15                   BufferedReader stdin = new BufferedReader(new InputStreamReader
(System.in));
16                   try{
17                       sMsg = stdin.readLine();
18                   }catch(IOException ie){
19                       System.err.println("IO 错误!");
20                   }
21                   if(sMsg.equals("bye")) break;
22                   String sOut = "[客户]:" + sMsg;
23                   byte[] buf = sOut.getBytes();
24                   DatagramPacket out = new DatagramPacket(buf,buf.length,ia,
ServerOfUDP.PORT);
25                   ds.send(out);
26                   ds.receive(dp);
27                   String sReceived = "(" + dp.getAddress() + ":" + dp.getPort
() + ")" + new String(dp.getData(),0,dp.getLength());
28                   System.out.println(sReceived);
29               }
30           }catch(UnknownHostException e){
31               System.out.println("未找到服务器!");
32               System.exit(1);
33           }catch(SocketException e){
34               System.out.println("套接字错误!");
35               e.printStackTrace();
36               System.exit(1);
37           }catch(IOException e){
38               System.err.println("数据传输错误!");
39               e.printStackTrace();
40               System.exit(1);
41           }
42       }
43       public static void main(String[] args){
44           new ClientOfUDP();
45       }
46   }
```

程序分析：

第 6 行：初始化网络缓存。

第 7 行：创建 DatagramPacket 对象。

第 10 行：创建 DatagramSocket 对象 ds。

第 11 行：创建 InterAddress 对象 ia。

第 15 行：创建输入缓冲器对象。

第 17 行：获得输入信息。

第 21 行：如果获得“bye”的信息，则退出客户端。

第 22 ~25 行：将客户端输入信息发送。

第 26 ~28 行：获得主机信息。

第 30 ~41 行：捕获 UnknownHostException、SocketException、IOException 异常。

服务器端：

```
1    import Java.net.*;
2    import Java.io.*;
3    public class ServerOfUDP{
4        static final int PORT =4000;
5        private byte[] buf =new byte[1000];
6        private DatagramPacket dgp =new DatagramPacket(buf,buf.length);
7        private DatagramSocket sk;
8        public ServerOfUDP(){
9            try{
10               sk =new DatagramSocket(PORT);
11               System.out.println("服务器已经启动");
12               while(true){
13                   sk.receive(dgp);
14                   String sReceived ="(" + dgp.getAddress() + ":" +dgp.getPort
() + ")" +new String(dgp.getData(),0,dgp.getLength());
15                   System.out.println(sReceived);
16                   String sMsg = "";
17                   BufferedReader stdin =new BufferedReader(new InputStream
Reader(System.in));
18                   try{
19                       sMsg =stdin.readLine();
20                   }catch(IOException ie){
21                       System.err.println("输入/输出错误!");
22                   }
23                   String sOutput ="[服务器]: " + sMsg;
24                   byte[] buf =sOutput.getBytes();
25                   DatagramPacket out =new DatagramPacket(buf,buf.length,dgp.
getAddress(),dgp.getPort());
26                   sk.send(out);
27               }
28           }catch(SocketException e){
29               System.err.println("套接字错误!");
```

```
30              System.exit(1);
31           }catch(IOException e){
32              System.err.println("数据传输错误!");
33              e.printStackTrace();
34              System.exit(1);
35           }
36        }
37        public static void main(String[] args){
38           new ServerOfUDP();
39        }
40     }
```

程序分析：

第 5 行：初始化网络缓存。

第 6 行：创建 DatagramPacket 对象。

第 10 行：创建 DatagramSocket 对象 dsk。

第 13 行：获取数据包信息。

第 14 行：获取主机信息。

第 16 ~ 19 行：获得客户端传输过来的信息。

第 20 ~ 22 行：捕获 IOException 异常。

第 23 ~ 26 行：将服务器端输入信息发送。

第 26 ~ 28 行：获得主机信息。

第 38 ~ 35 行：捕获 UnknownHostException、SocketException 异常。

10.3.2　运行

本程序在启动客户端之后，通过数据包的方式可以向服务器发送信息，在服务器端启动后，可以通过获取数据包来读取来自客户端的相关信息。

以上客户端代码的运行结果如图 10-4 所示。

以上服务器端代码运行结果如图 10-5 所示。

Problems @ Javadoc Declaration Console
<terminated> JavaUDPClient [Java Application] C:\Program Files\Java\jd
提示：客户端已成功启动！
Hi,I am a client.
(/127.0.0.1:4000)[服务器]：您好！您已登录成功，请留言！
猴年快乐！
(/127.0.0.1:4000)[服务器]：谢谢！
Goodbye

图 10-4　客户端运行结果

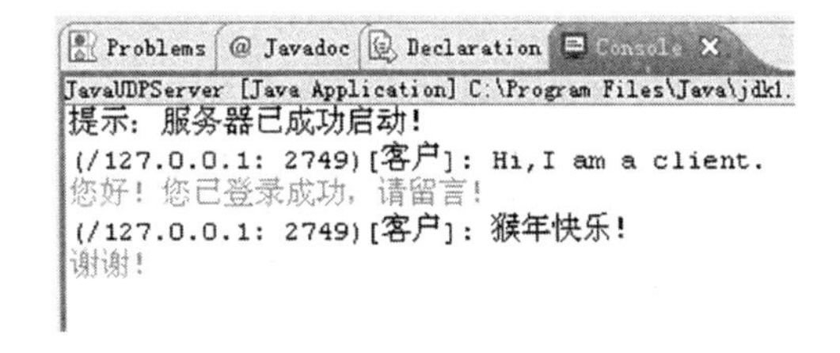

图 10-5　服务器端运行结果

10.3.3　知识点分析

1. UDP 概述

User Datagram Protocal（用户数据报，UDP）与 TCP 一样用于处理网络中的数据报处理。在 OSI 模型中，UDP 处于传输层，它是 IP 的上一层。UDP 不提供数据报分组、组装，不能对数据报排序，所以当报文发送之后，无法得知它是否安全完整地到达接收端，因此 UDP 也被称为“不可靠”协议。

由于在网络质量不太理想的情况下，UDP 数据包丢失会比较严重，但是 UDP 不属于连接型协议，所以它具有资源消耗小、处理速度快的优点。因此，在音频、视频和普通数据传输时多采用 UDP，因为对于这些数据而言，即使它们偶尔丢失一两个数据包，也不会对接收结果产生太大的影响。

2. 类 DatagramPacket

在 Java 中，使用 java. net 包中的类 DatagramSocket 和 DatagramPacket 控制用户数据报文。

类 DatagramPacket 可以将 Byte 数组、目标地址和目标端口等数据包组装成报文，或者将报文拆卸成 Byte 数组。由于 TCP/IP 规定数据报文大小最多包含 65507 个，通常主机接收 548 个字节，但大多数平台能够支持 8192 字节大小的报文。

DatagramPacket 的构造方法如下：

```
DatagramPacket(byte [ ] buf, int length); //确定数据报数组和数组的长度
```

其中，参数 buf 是保存自寻址数据报信息的字节数组；length 表示字节数组长度。在这个构造方法中没有确定任何数据报的地址和端口信息，这些信息需要通过调用方法 setAddress (InetAddress addr) 和 setPort (int port) 得到。例如：

```
private byte[ ] buf = new byte[1000];
private DatagramPacket dp = new DatagramPacket(buf,buf.length);
...
ds = new DatagramSocket();
ia = InetAddress.getByName("localhost");
...
BufferedReader stdin = new BufferedReader(new InputStreamReader(System.in));
sMsg = stdin.readLine();
...
String sOut = "[客户]:" + sMsg;
byte[ ] buf = sOut.getBytes();
DatagramPacket out = new DatagramPacket(buf,buf.length,ia,ServerOfUDP.PORT);
ds.send(out);
...
```

如果开发人员需要在调用构造方法的同时获得地址和端口号，则使用的方法如下：

```
DatagramPacket(byte [ ] buf, int length, InetAddress addr, int port);  //在创建
了 DatagramPacket 对象后,如果希望改变字节数组和长度,这时可以调用方法
setData(byte [ ] buf);                    //得到字节数组的引用
setLength(int length);                    //获得字节数组的长度
```

DatagramPacket 的常用方法如下：

```
getAddress()                              //得到数据报地址
setAddress(InetAddress)                   //设置数据报地址
getDate()                                 //得到数据报内容
setDate(byte [ ] buf)                     //设置数据报内容
getLength()                               //得到数据报长度
setLength(ing length)                     //设置数据报长度
getPort()                                 //得到端口号
```

```
setPort(int port)                         //设置端口号
```

3. 类 DatagramSocket

类 DatagramSocket 在客户端创建数据报套接字，并在与服务器端进行通信连接后发送和接收数据报套接字。创建客户端套接字通常采用方法 DatagramSocket()，服务器端通常使用方法 DatagramSocket（int port）。如果未创建套接字或未绑定套接字到本地端口，那么将抛出 SocketException 异常。程序如果创建了 DatagramSocket 对象，则可以调用方法 send（DatagramPacket p）和 receive（DatagramPacket p）来发送和接收数据报。

（1）Datagram 的构造方法

```
DatagramSocket()                 //创建数据报套接字,绑定到本地主机任意存在的端口
DatagramSocket(int port)         //创建数据报套接字,绑定到本地主机指定端口
DatagramSocket(int port, InetAddress laddr) //创建数据报套接字,绑定到指定本地地址
```

（2）Datagram 的常用方法

```
connect(InetAddress address, int port)      //连接指定地址
disconnect()                                //断开套接字连接
close()                                     //关闭数据报套接字
getInetAddress()                            //得到套接字所连接的地址
getLocalAddress()                           //得到套接字绑定的主机地址
getLocalPort()                              //得到套接字绑定的主机端口号
getPort()                                   //得到套接字的端口号
reseive(DatagramPacket p)                   //接收数据报
send(DatagramPacket p)                      //发送数据报
```

本章小结

本章介绍了 Java 网络编程中的类 InetAddress、Socket（套接字），Network API，并介绍了在 UDP 下如何进行网络通信。

类 InetAddress 描述了 32 位或 128 位 IP 地址。IP 地址（IP Address）是互联网协议地址（Internet Protocol Address）的缩写。IP 地址是 IP 提供的一种统一的地址格式，它为互联网上的每一个网络和每一台主机分配一个逻辑地址，通过 IP 地址可以屏蔽物理地址存在的差异。类 InetAddress 中主要包括 Inet4Address 和 Inet6Address 两个子类。类 InetAddress 没有构造方法，所以不能直接创建 InetAddress 对象。但是一般可以通过一些静态方法来创建一个 InetAddress 对象或 InetAddress 数组

Socket（套接字）是 TCP/IP 中的基本概念，可以看作不同主机之间的进程进行双向通信的端点。简单地说，就是通信的两方的一种约定，用 Socket 中的相关函数来完成通信的过程。Socket 可以用来实现将 TCP/IP 包发送到指定的 IP 地址。Socket 在客户/服务器程序中的使用主要涉及 3 个类：InetAddress、Socket 和 ServerSocket

在 UDP 中，当报文发送之后是无法得知其是否安全、完整到达的，所以在选择使用 UDP 协议时必须要谨慎。在 Java 中可以使用 java. net 包下的类 DatagramSocket 和 DatagramPacket 控制用户数据报文。

参 考 文 献

[1] 魏勇. 基于工作过程的 Java 程序设计 [M]. 北京：清华大学出版社，2010.
[2] 刘志成. Java 程序设计实例教程 [M]. 北京：人民邮电出版社，2010.
[3] 李刚. 疯狂 Java 讲义 [M]. 3 版. 北京：电子工业出版社，2014.
[4] C S Horstmann，G Cornell. Java 核心技术卷 I：基础知识（原书第 9 版）[M]. 周立新，陈波，叶乃文，等译. 北京：机械工业出版社，2014.
[5] B Eckel. Java 编程思想 [M]. 陈昊鹏，译. 4 版. 北京：机械工业出版社，2007.
[6] 辛运帏，饶一梅，马素霞. Java 程序设计 [M]. 3 版. 北京：清华大学出版社，2013.
[7] 陈国君. Java 程序设计基础 [M]. 4 版. 北京：清华大学出版社，2013.
[8] 金松河，王捷，黄永丽. Java 程序设计经典课堂 [M]. 北京：清华大学出版社，2014.
[9] 周怡，张英. Java 程序设计案例教程 [M]. 2 版. 北京：清华大学出版社，2014.
[10] 张勇. Java 程序设计与实践教程 [M]. 北京：人民邮电出版社，2014.
[11] 袁绍欣，安毅生，赵祥模，等. Java 面向对象程序设计 [M]. 2 版. 北京：清华大学出版社，2012.
[12] 孙修东，王永红. Java 程序设计任务驱动式教程 [M]. 2 版. 北京：北京航空航天大学出版社，2013.